地区电网暂态过电压在线监测技术及应用

贵州电网有限责任公司 编

中国水利水电出版社
www.waterpub.com.cn
·北京·

内 容 提 要

地区电网过电压现象与线路及两端的变电站是密切相关的,对地区电网的暂态过电压监测尚未引起重视,当电网出现电气设备损坏的情况时,对事故原因的分析一直以来都是靠经验,往往造成事故分析不彻底、不明确。组成地区电网的过电压监测网络将有助于对过电压事件的分析与故障定位。

通过设计暂态过电压在线监测装置和建立宽频带过电压分压取样系统,开发地区电网过电压在线监测系统,并将其应用于贵阳"东部电网"的两个变电站,可实现对变电站及所连接线路的过电压实时监测。该系统既能够准确捕捉、记录从工频到雷电冲击的过电压数据,又能实现节省存储空间和记录快速波形的要求。

图书在版编目(CIP)数据

地区电网暂态过电压在线监测技术及应用 / 贵州电网有限责任公司编. -- 北京 : 中国水利水电出版社,
2018.11
　　ISBN 978-7-5170-7101-3

　　Ⅰ. ①地… Ⅱ. ①贵… Ⅲ. ①地区电网－暂态过电压－在线监测系统－研究 Ⅳ. ①TM727.2

　　中国版本图书馆CIP数据核字(2018)第254635号

书　　名	地区电网暂态过电压在线监测技术及应用 DIQU DIANWANG ZANTAI GUODIANYA ZAIXIAN JIANCE JISHU JI YINGYONG	
作　　者	贵州电网有限责任公司　编	
出版发行	中国水利水电出版社 (北京市海淀区玉渊潭南路1号D座　100038) 网址:www.waterpub.com.cn E-mail:sales@waterpub.com.cn 电话:(010)68367658(营销中心)	
经　　售	北京科水图书销售中心(零售) 电话:(010)88383994、63202643、68545874 全国各地新华书店和相关出版物销售网点	
排　　版	中国水利水电出版社微机排版中心	
印　　刷	北京瑞斯通印务发展有限公司	
规　　格	184mm×260mm　16开本　9.75印张　231千字	
版　　次	2018年11月第1版　2018年11月第1次印刷	
印　　数	0001—1200册	
定　　价	**49.00元**	

编 委 会

主　　编：马春雷

副 主 编：谢荣斌　鞠登峰　李 冶

编写人员：马春雷　谢荣斌　鞠登峰　李 冶

　　　　　马晓红　周 海　张 霖　薛 静

　　　　　申 强　李诗勇　靳 斌　吴湘黔

　　　　　陈 实　王瑞果　李忠晶　周 兴

　　　　　张丽娟　仇一凡

序
XU

  电力系统过电压及绝缘配合水平的高低，决定了电力系统的技术经济性，也是影响电网可靠运行的重要因素之一。过去对过电压的观测没有好的技术手段，记录设备用过磁带机、录波仪和自制的分压器，现场测试需要克服各种条件限制。对于绝缘配合，主要采用过电压计算的方式，绝缘配合的数据也是沿用 IEC 国际标准的数据。国内除了在一些变电站验收时进行一段时间的操作过电压的测试外，很少能够进行过电压的连续在线监测，一方面，系统过电压包括的范围过宽，从雷电到操作到工频，变电站现场不具备长期监测的条件；另一方面，过电压的水平具有统计规律，只有进行长期观测统计，获得的数据才有实际意义。

  本书作者团队长期从事过电压测试及监测技术研究，在总结近几年过电压监测研究成果的基础上，深入分析存在的问题，在解决高压宽频的记录技术方面提出了具有特色的解决方案，取得了明显的技术进步。在宽频的分压传感、电缆匹配和实时波形压缩、波形识别等方面都取得了不错的成果，也在电力生产实践中获得了一定程度的应用。

  本书的第 1 章介绍过电压的基本知识，第 2 章到第 5 章介绍了区域过电压监测面对的问题、系统构成、采集记录技术、波形识别技术、区域电网内应用的布点原则等技术内容，对相关问题的技术解决方案与原理进行了详细的介绍；第 6 章是对现场实际波形的分析；第 7 章介绍了电力生产应用中发现的系统过电压问题，并对差异化防雷提出了解决方案。

  本书提供了大量的图表、测试数据和技术框图，并给出了部分区域电网过电压波形实测数据，理论性、实践性强，无论是对于从事过电压在线监测的技术人员还是从事过电压与绝缘配合的研究人员，都值得参考，也希望相关成果能够再进一步推广，为我国过电压监测技术的研究和电网安全运行提供有力的技术支撑。

中国电力科学研究院有限公司副院长

高克利

2018 年 7 月于北京

前 言
QIANYAN

电力系统中出现的波形、幅值及持续时间各异的多种过电压对电气设备绝缘构成了严重威胁。电力系统过电压是引起电网供电中断、电气设备故障及损坏的重要原因。开展对电网过电压的分析及类型识别工作，对提高电力系统运行可靠性、合理确定设备绝缘水平、提高线路耐雷水平、降低雷击跳闸率具有重要的指导意义。

过电压是线路或电气设备装置电场能量大小的体现形式，由于不同过电压的能量获取方式及转换规律不同，过电压的特征差异较大。本书介绍了各类过电压发生和发展的过程，过电压幅值和特征的影响因素和过电压的抑制装置及限制措施，过电压与绝缘配合原则等内容。

电网过电压现象的研究需要过电压信号的准确获取及分析。从电网监测系统的角度上，监测与分析系统和监测系统的框架结构、过电压信号的获取方式、过电压数据的采集方式和分析方法密切相关。本书主要介绍了分布式过电压与集中式过电压监测框架，几种过电压信号的获取方法，对过电压信号采集的要求，过电压识别与分析的研究现状，影响过电压监测稳定性、完整性的关键技术及难点，以及过电压监测的抗干扰技术、监测系统的测试项目及方法。

本书结合贵州电力公司贵阳过电压监测与分析项目，详细分析了数据的实时压缩采集方法和两种过电压信号的获取方法。通过采用基于 FPGA 及 DSP 的实时数据压缩方法，研发了过电压数据采集系统，可实现所有过电压信号的完整获取，并避免数据的冗余；利用变电站现有的电容性电气设备和电容式电压互感器，结合过电压信号的取样装置，构成了宽频带的分压取样系统。本书详细分析了两种过电压取样系统的设计方法、参数计算方法和试验验证结果。

针对过电压信号的分析和识别，本书分析了过电压监测系统的架构，基于 S 变换提出了过电压信号的特征参量，结合现场实测数据，实现了过电压信号的分析和识别。

本书结合实际项目，针对区域电网实际变电站结构和设备参数，对典型过电压形式进行了仿真分析研究，基于过电压传播的基本特征规律，提出了地区电网暂态过电压的布点原则；对典型监测实测数据进行了分析，得到了不同过电压的特征规律。本书结合生产实际提出了地区电网暂态过电压的预防与治理措施，有利于指导现场过电压防护与治理工作。附录列出了过电压故障的典型案例和过电压识别分析系统的程序代码，供读者参考。

由于作者对知识的理解有限，书中存在失误之处在所难免，恳请读者批评指正。

编者

2018 年 7 月

目 录
MULU

第1章　电网过电压

1.1　概　　述

电力系统一次设备运行可靠性与设备的绝缘水平、运行状态及运行电压有关，系统电压影响电气设备内、外绝缘的电气强度，从而影响设备的安全性。随着高电压、大电网的迅速建设与发展，过电压对电网安全运行的影响越来越受到人们的重视。在电力系统各种事故中，绝缘事故占主导地位，而在绝缘事故中由于过电压引起的事故又占主导地位。电气设备绝缘事故时有发生，给电网和工农业生产带来了巨大的损失。统计资料表明，在雷雨季节，35～110kV 电力系统运行中遭受过电压破坏的停电事件占所有停电事件的 40％～60％。

过电压是电网中出现对绝缘有危害的电压升高或电位差升高，它是造成电网绝缘损坏事故的主要原因，也是选择电气设备绝缘强度的决定因素。过电压幅值远大于电气设备的额定工作电压，可能导致电气设备的击穿或闪络，损坏电气设备并导致电网供电中断。电网的过电压水平也是电气设备及过电压保护设备绝缘配合的依据。因此，掌握电网过电压的特性及规律对于过电压的保护十分重要。

过电压是电气设备及线路电场能量的体现形式之一，它的幅值与波形和电磁能量来源、电气设备等值参数、电气设备连接关系及开关时序密切相关。目前对过电压的研究主要集中于模拟仿真和数值计算，通过仿真和计算，实现对过电压的特征量及发展过程的分析，并取得了较多的成果。但过电压仿真或数值计算中的很多模型及模型参数难以准确描述，如杂散电感、电容及分布、电弧等值模型及电弧重燃条件、线路及电气设备等值模型及参数等。因此，获取现场实际过电压波形，总结分析过电压的特征及规律，也逐步成为研究过电压的主要手段。

1.2　电力系统过电压成因与分类

过电压可以分为雷电过电压（又称外部过电压、大气过电压）和内部过电压两大类，由于成因不同，其持续时间、幅值和造成的影响程度也差异很大。

1.2.1　雷电过电压

雷电是超长空气间隙放电现象。一般认为雷云是在适当的大气和大地条件下，由强大的潮湿的热气流不断上升进入稀薄的大气层冷凝的结果。强烈的上升气流穿过云层，水滴被撞分裂带电。轻微的水沫带负电，被风吹得较高，形成大块的带负电的雷云；大滴水珠带正电，凝聚成雨下降，或悬浮在云中，形成一些局部带正电的区域。实测表明，在 5～10km 的高度主要是正电荷的云层，在 1～5km 的高度主要是负电荷的云层。

雷电的发展过程可分为先导放电、主放电和余晖放电三个阶段，如图 1.1 所示。通常雷云底部积聚的是负电荷，因此负极性雷电流的发生概率为 75%～90%。根据雷电观测资料，雷云对地放电大多数要重复 2～3 次。主放电时间很短，只有 50～100μs。第一次主放电结束后，经过 0.03～0.05s 间隔时间后，沿第一次放电通路出现第二次放电。

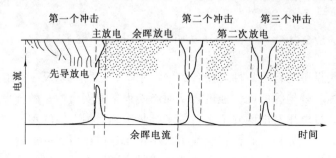

图 1.1　雷电的发展过程

雷电过电压的特点是持续时间短暂，幅值高，与雷电活动强度及线路结构参数有关，而与设备电压运行等级无关。根据雷击的位置不同分为感应雷过电压、直击雷过电压。通常用雷暴日表征不同地区雷电活动的频繁程度，我国把年平均雷暴日 $T>90$ 的地区称为强雷区，$40<T\leqslant90$ 的地区称为多雷区，$25<T\leqslant40$ 的地区称为中雷区，$T\leqslant25$ 的地区称为少雷区，雷暴日同时表明该区域的电网受到雷电威胁的程度。通常用线路耐雷水平和雷击跳闸率表示输电线路的防雷能力。线路耐雷水平表示雷击线路时，其绝缘尚不至于发生闪络的最大电流幅值或能引起绝缘闪络的最小雷电流幅值。雷击跳闸率表示折算到线路每百公里线路、40 雷电日，由于雷击引起的开断数（重合成功也算一次），称为该线路的雷击跳闸率。

1. 感应雷过电压

雷云对地放电过程中，放电通道周围空间电磁场的急剧变化，会在附近的输电线路的导线上产生感应过电压。

感应雷过电压包括静电感应分量和电磁感应分量两个分量。当雷云接近输电线路时，向下发展的先导放电，将在最靠近先导通道的线路上感应出与雷云极性相反的束缚电荷。随着先导放电发展到主放电的阶段，先导通道的电荷自下而上被很快中和，使导线上束缚电荷被迅速释放，这样沿着导线两侧就会形成与雷云极性相反的感应雷过电压波。虽然感应雷过电压包含两个分量，但由于主放电发展速度较光速低，且主放电通道和导线近似垂直，互感系数较小，电磁感应分量相对较弱，所以说，静电感应对感应过电压的贡献最大。Jankov 等人根据雷电流回击和耦合的 Agrawal 模型给出了架空线路的感应雷过电压幅值的粗略计算公式，即

$$U_{\max}(d)=k_{\mathrm{u}}I_0e^{k_0+k_1\ln d+k_2\ln^5 d} \tag{1-1}$$

其中

$$k_{\mathrm{u}}=k_3h$$

式中　　h——导线距地面的高度；

d——雷击点距离导线的距离；

$k_0 \sim k_3$——由雷电流特性决定的系数。

感应过电压对 35kV 及以下的送电线路和电气设备威胁很大，常因感应雷而引起事故。根据多年运行经验，变电所避雷针遭受直击雷时，附近三相母线将产生感应过电压，使 35kV 的和 10kV 的绝缘子闪络引起事故的情况偶有发生，特别是配电系统由于感应过电压引起的事故是较多的，因此，对感应过电压的危害也应引起足够的重视。

2. 直击雷过电压

雷云直接对电力设备或线路导线、杆塔、避雷线、避雷针放电，在雷电流流过路径的阻抗（包括接地电阻）上产生冲击电压，引起过电压，这种过电压称为直接雷过电压。如果雷电击中架空输电线路导线，称为绕击雷电过电压，由于有避雷线保护措施，一般发生的概率较低，绕击概率与保护角和线路高度有关。如果雷电击中处于接地状态的输电杆塔、避雷针、避雷线，使其电位升高以后又对带电的导体放电，称为反击雷过电压，反击雷过电压与雷电流幅值、杆塔接地电阻等因素有关。直击雷过电压幅值往往可达上百万伏，会破坏电工设施绝缘，引起短路、接地故障，对电力系统威胁较大。

因直接雷击或感应雷击在输电线路导线中形成迅速流动的雷电进行波。雷电进行波对变电站内的电气设备构成威胁，因此也称为雷电侵入波。变电站的架空进出线必须考虑对雷电侵入波的预防。雷电侵入波对电气设备的严重威胁还在于：当雷电侵入波前行时，例如遇到处于分闸状态的线路开关，或者来到变压器线圈尾端中性点处，则会产生进行波的全反射。这个反射与侵入波叠加，过电压幅值增高一倍，极容易造成击穿事故。

《绝缘配合》（GB 311）及《绝缘配合》（IEC 60071）中，用快波前过电压（fast - front overvoltage，FFO）描述雷电过电压波形，通常是单向的，到达峰值时间为 $0.1\mu s < T_1 \leqslant 20\mu s$，波尾持续时间 $T_2 < 300\mu s$。选择 $1.2/50\mu s$ 的标准冲击电压波形作为测试电力设备雷电冲击电压耐受能力的标准波形。

1.2.2 内部过电压

在电力系统中存在各种电感、电容等电磁储能元件，当由于断路器操作、故障、运行方式转换或其他原因，使系统的参数变化，引起电磁振荡或转化而造成的暂时电压升高，称为内部过电压。过电压程度与电网结构、系统容量及参数、中性点接地方式、断路器的性能、母线上的出现回路数以及电网运行接线、操作方式等因素有关。内部过电压具有统计规律，研究各种内部过电压出现概率及其幅值的分布对于正确决定电力系统的绝缘水平具有非常重要的意义。内部过电压包括操作过电压及暂时过电压（含谐振过电压、工频过电压）。

内部过电压的幅值与系统额定运行电压密切相关，因此内部过电压程度常用过电压倍数表示，如用标幺值表示（$1\text{p.u.} = U_s \sqrt{2}/\sqrt{3}$，$U_s$ 为系统最高运行线电压）。过电压水平是影响设备绝缘设计的主要因素，也是影响系统安全可靠运行的主要因素。国内外做了大量的研究并形成了标准，《绝缘配合》（GB 311）和《绝缘配合》（IEC 60071）是进行电气设备过电压绝缘配合与设计的主要参考标准。

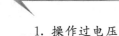

1. 操作过电压

电网中为了确保供电系统的正常运行，或当某些位置出现故障需要将其切除时，为保障当前的运行方式，系统经常会借助断路器来操作。当断路器运行时，电力系统将由一种电磁状态过渡到另一种电磁状态，在转变过程中，由于系统内部电磁能量的振荡、互换及重新分布，就可能在某些设备上，甚至在整个系统中出现很高的过电压，这种过电压就是操作过电压。操作过电压的持续时间较短，一般在数百微秒到100ms之间，并且衰减很快。其幅值在很大程度上受中性点接地方式的影响。

电力系统发生操作过电压的原因很多，一般有以下几种情况：

（1）切断电感性负载，如切断空载变压器、消弧线圈、电抗器和电动机等引起的过电压。

（2）切断电容性负载，如切断空载长线路、电缆线路或电容器组等引起的过电压。由于线路电压和电流近似呈90°夹角及断路器断口的电弧重燃，线路上会出现较高过电压。

（3）合空载线路（包括重合闸）而引起的操作过电压。例如具有残余电压的系统在重合闸过程中，由于再次充电而引起的重合闸操作过电压。

此外，还有间歇性弧光接地、电力系统因负荷突变或系统解列、甩负荷而引起的操作过电压。在这种情况下，通常系统以操作过电压开始，接着还会出现持续时间较长的暂态过电压。

《绝缘配合》（GB 311）及《绝缘配合》（IEC 60071）中，用慢波前过电压（slow - front overvoltage，SFO）描述操作过电压波形，通常是单向的，到达峰值时间为 $20\mu s<T_1\leqslant5000\mu s$，波尾持续时间 $T_2<20ms$。选择 $250/2500\mu s$ 的标准冲击电压波形作为测试电力设备操作过电压耐受能力的标准波形。

2. 谐振过电压

电网中存在着大量储能电容（电缆等导线的对地电容，串、并联补偿电容器组，各种设备的杂散电容等）和电感（变压器、互感器、消弧线圈、电抗器以及各种杂散电感等）元件。在一定条件下受到激发，形成周期性振荡、电压幅值上升，形成谐振过电压。谐振过电压持续时间较长，甚至可以稳定存在，直到破坏谐振条件为止。

根据电感参数的变化规律，谐振过电压分为线性谐振过电压、铁磁谐振过电压及参数谐振过电压。

由于在绝缘配合时并未考虑对谐振过电压的防护，因此要尽量避免谐振过电压的发生。采用电磁式电压互感器时，因为铁芯的饱和现象，其电感量发生变化，某些故障情况下容易发生铁磁谐振，应采取必要措施，避免谐振的发生。

3. 工频过电压

系统中在操作或接地故障时发生的频率等于工频（50Hz）或接近工频的高于系统最高工作电压的过电压。产生工频过电压的主要原因是：空载长线路的电容效应，不对称接地引起的正序、负序和零序电压分量作用，系统突然甩负荷使发电机加速旋转等。

限制工频过电压应针对具体情况采取专门的措施，常用的方法有：采用并联电抗器补偿空载长线的电容效应，选择合理的系统中性点运行方式对发电机进行快速电压调整控制等。

过电压的类型和波形、标准电压波形以及标准耐受电压试验见表1.1。

表1.1 　　　　过电压的类型和波形、标准电压波形以及标准耐受电压试验

类别	低 频 电 压		瞬 态 电 压		
	持续	暂时	缓波前	快波前	特快波前
电压波形					
电压波形范围	$f=50\text{Hz}$ $T_t \geqslant 3600\text{s}$	$10\text{Hz}<f<500\text{Hz}$ $0.02\text{s} \leqslant T_t \leqslant$ 3600s	$20\mu\text{s}<T_p \leqslant 5000\mu\text{s}$ $T_2 \leqslant 20\text{ms}$	$0.1\mu\text{s}<T_1 \leqslant 20\mu\text{s}$ $T_2 \leqslant 300\mu\text{s}$	$T_f \leqslant 100\text{ns}$ $0.3\text{MHz}<f_1<100\text{MHz}$ $30\text{kHz}<f_2<300\text{kHz}$
标准电压波形					
	$f=50\text{Hz}$ T_t①	$45\text{Hz} \leqslant f \leqslant 55\text{Hz}$ $T_t=60\text{s}$	$T_s=250\mu\text{s}$ $T_2 \leqslant 2500\mu\text{s}$	$T_1=1.2\mu\text{s}$ $T_2=50\mu\text{s}$	a
标准耐压试验	①	短时工频试验	操作冲击试验	雷电冲击试验	a

① 由有关技术委员会规定。

1.3 电力系统过电压与绝缘配合

1.3.1 电力系统过电压水平

我国电力系统有多个运行电压等级。常见的交流输电电压等级有 380V、10kV、35kV、110kV、220kV、330kV、500kV、750kV、1000kV，直流输电电压等级有±500kV、±800kV。一般规定 10～220kV 为高压，330～750kV 为超高压，1000kV 交流、±800kV 直流以上为特高压。

由于电网过电压幅值与系统运行电压水平、中性点接地方式、过电压形式、电网及设备参数、雷电流大小及杆塔参数等有关，不同电压等级的过电压水平及主要影响绝缘配合的过电压类型也有较大的差异。不同电压等级考虑影响绝缘的主要过电压类型分别为：220kV 及以下电网为雷电过电压；330kV 及以上超高压电网为操作过电压；1000kV 及以

上特高压为工频过电压。

中性点接地方式影响对应电压等级电力系统的运行方式，从而影响过电压水平，电力系统非对称接地故障引起工频过电压，进而影响电力系统的操作过电压水平和绝缘水平。

对于 220kV 及以下高压电网，由于电气绝缘强度低，而雷电过电压幅值较高，将极大威胁配电网安全，是过电压防护的重点。感应雷电过电压幅值相对较低，只危及 10kV 及 35kV 线路及变电设备安全。弧光接地过电压影响是配电网系统及设备安全的主要内部过电压形式，避雷器的残压选择也与弧光接地过电压大小密切相关。

330kV 及以上超高压电网设备的绝对绝缘裕度增加，雷电过电压的威胁相对减小，影响系统运行安全的主要是操作过电压；1000kV 及以上特高压电网的相对绝缘裕度减小，影响系统运行安全的主要是工频过电压。

1.3.2 过电压保护装置

防雷保护装置是指能使被保护物体避免雷击，而引雷击本身，并顺利地进入大地的装置。电力系统中最基本的防雷保护装置有避雷针、避雷线（即架空地线）、避雷器和防雷接地等装置。避雷针和避雷线可以防止雷电直接击中被保护物体，因此也称作直击雷保护（措施）；避雷器可以防止沿输电线侵入变电所的雷电过电压波，因此也称作侵入波保护（措施）；防雷接地装置的作用是减少避雷针（线）或避雷器与大地（零地位）之间的电阻，以达到降低雷电过电压幅值的目的。

1.3.2.1 避雷针和避雷线

1. 避雷针

避雷针的保护原理是当雷云放电时使地面电场畸变，在避雷针的顶端形成局部场强集中的空间以影响雷电先导放电的发展方向，使雷电对避雷针放电，再经过接地装置将雷电流引入大地从而使被保护物体免遭雷击。避雷针的保护范围如图 1.2 所示，在保护范围内有 0.1% 的绕击率。

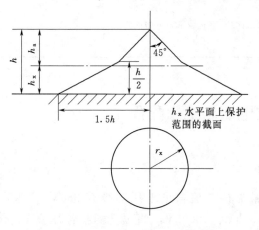

图 1.2 避雷针保护范围示意图

2. 避雷线

避雷线的作用原理与避雷针相同，主要用于输电线路的保护，也可用于保护发电厂和变电所。避雷线保护范围的长度与线路等长，而且两端还有其保护的半个圆锥体空间。单根避雷线的保护范围如图 1.3 所示。单根避雷线的保护范围为

$$r_x = 0.47(h - h_x) p \left(h_x \geq \frac{h}{2} \right) \Bigg\}$$
$$r_x = (h - 1.53 h_x) p \left(h_x < \frac{h}{2} \right) \Bigg\}$$

$$(1-2)$$

1.3.2.2 避雷器

避雷器是一种过电压限制器，它实质上是过电压能量的吸收器，它与被保护设备并联运行，当作用电压超过一定幅值以后避雷器总是先动作，泄放大量能量，限制过电压，保护电气设备。

避雷器放电时，强大的冲击电流泄入大地，大电流过压，工频电流将沿原冲击电流的通道继续流过，此电流称为工频续流。避雷器应能迅速切断续流，才能保护电力系统的安全运行。

因此，对避雷器基本技术要求有如下两条：

（1）过电压作用时，避雷器先于被保护电力设备放电，这需要由两者的伏秒特性的配合来保证。

（2）避雷器应具有一定的熄弧能力，以便可靠地切断在某一次过零时的工频续流，使系统恢复正常。

以上两条对有间隙的避雷器都是适宜的，这类避雷器主要有保护间隙、管式避雷器和带间隙的阀式避雷器。

对于 MOA（无间隙金属氧化物避雷器）

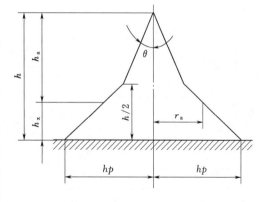

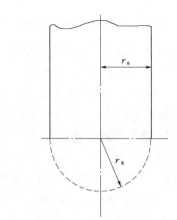

图 1.3 单根避雷线的保护范围
（$h \leqslant 30m$，$\theta = 25°$）

的基本技术要求则不同，由于无间隙，它长期承受系统工作电压和（间或）承受各种过电压，即工频下流过很小泄漏电流，过电压下其残压应小于被保护设备冲击绝缘强度，它必须具有长时间的工频稳定性和过电压下的热稳定性，且没有灭弧问题，相应地却产生了独特的热稳定性问题。目前 MOA 是电网内主要的避雷器形式。

20 世纪 70 年代初期出现了氧化锌（ZnO）避雷器，它们是以 ZnO 为主要成分，添加三氧化二铌（Bi_2O_3）、三氧化二钴（CO_2O_3）、二氧化锰（MnO_2）、三氧化二锑（Sb_2O_3）等金属氧化物，经过粉碎混合后高温烧结而成。ZnO 阀片具有很理想的非线性伏安特性，图 1.4 所示是 ZnO 避雷器的伏安特性曲线，图 1.5 中假定 ZnO、SiC 电阻阀片在 10kA 电流下的残压相同，但在额定电压（或灭弧电压）下 ZnO 曲线所对应的电流一般在 10^{-5} A 以下，可近似认为继流为零，而 SiC 曲线所对应的续流都是 100A 左右。也就是说，在工作电压下 ZnO 阀片实际上相当于绝缘体。

ZnO 避雷器的主要优点有：①无间隙；②无续流；③电气设备所受过电压可降低；④通流容量大；⑤ZnO 避雷器特别适用于直流保护和 SF_6 电器保护。由于 MOA 具有上述重要优点，因而发展潜力很大，由 MOA 构成的新型避雷器将逐步取代普通阀式避雷器和磁吹避雷器。

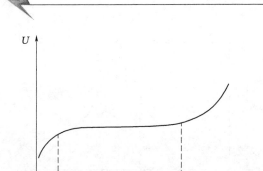

图 1.4 ZnO 避雷器的伏安特性图 　　图 1.5 ZnO、SiC 和理想避雷器伏安特性的比较

ZnO 避雷器的电气特性参量有：①额定电压；②最大长期工作电压；③工频参考电压（又称起始动作电压，转折电压）；④压比：指 ZnO 避雷器通过 $8/20\mu s$ 以额定冲击放电电流下的残压（简称额定残压）与工频参考电压之比；⑤荷电率：指大长期工作电压峰值与工频参考电压之比；⑥工频耐受特性；⑦保护比。

1. 3. 2. 3 防雷接地装置

"防雷在于接地"，各种防雷保护装置（避雷针、避雷线、避雷器）都必须配以合适的接地装置，将雷电流接入大地，才能有效地发挥其保护作用。为了弄清防雷接地的重要性，应了解有关接地、接地种类以及接地装置与接地电阻的关系。

1. 接地与分类

接地是指将地面上的金属物体或电气回路中的某一节点通过导体与大地保持等电位。

电力系统的接地按其功用可分以下 3 类：

（1）工作接地。根据电力系统正常运行的需要而设置的接地，例如三相系统的中性点接地，双极直流输电系统的中点接地等，它所要求的接地电阻值在 $0.5\sim10\Omega$ 范围内。

（2）保护接地。不设这种接地，电力系统也能正常运行，但为了人身安全而将电气设备的金属外壳等加以接地，它是在故障条件下才发挥作用的，它所要求的接地电阻值处于 $1\sim10\Omega$ 范围内。

（3）防雷接地。用来将雷电流顺利泄入地下，以减小它所引起的过电压，它的性质似乎介于前面两种接地之间，是防雷保护不可缺少的组成部分。防雷接地有些像工作接地，但它又是保障人身安全的有力措施，而且只有在故障条件下才发挥作用；它又有些像保护接地，其阻值一般在 $1\sim30\Omega$ 范围内。

大地不是理想导体，它具有一定的电阻率，在外界作用下大地中如果出现电流，则其不再是同一电位。流进大地的电流经过接地导体从一点注入，以电流场的形式向远处扩散，如图 1.6 所示，设土壤电阻率为 ρ，电流密度为 δ，则大地的电场强度 $E=9.8N/C$，离电流注入点越远，电流密度越小，因此可以认为无限远处的电流密度 δ 为零，也就是该处仍保持零电位。很显然，当接地点有电流注入时，则流入点相对于零电位具有一定的电位。图 1.6 表示了此时大地表面的电位分布情况。

对工作接地和保护接地而言，将接地点的电位 U_e 与流过的工频或直流 I_e 的比值定义为该点的接地电阻 R_e，它是大地电阻效应的和，包括接地引线、接地体、接地体与土壤间的过渡和大地的溢流电阻，前三项的阻值极小，可略去不计。当接地电流一定时，接地电阻 R_e 越大，电位 U_e 越高，当其高到超过接地物体（如变压器外壳）的绝缘时，将危及电气设备的绝缘及人身安全。因此，只有降低接地电阻 R_e，才能降低危险电位。

对防雷接地而言，流过冲击大电流时呈现的电阻称之为冲击接地电阻 R_i，防雷接地装置的作用是为了减小冲击接地电阻以降低雷电流泄放时防雷保护装置（如避雷针、避雷线或避雷器）端部的电压。

图 1.6　接地装置示意图

U_e—接地点电位；I_e—接地电流；U_1—接触电压；U_2—跨步电压；U—大地表面的电位分布，$U=f(r)$；δ—地中电流密度

2. 接地装置

埋入地中的导体称为接地装置。工程实用的接地装置通常有垂直接地体、水平接地体以及它们的组合。

根据恒流场下静电场相似原理，可以得到一些典型接地体的工频接地电阻计算公式（关于冲击接地电阻的有关计算的单列讨论）。

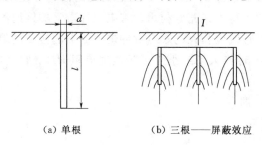

（a）单根　　　（b）三根——屏蔽效应

图 1.7　垂直接地体

（1）垂直接地体。当只有单根接地体且 $l \gg d$ 时，如图 1.7（a）所示，则有

$$R_e = \frac{\rho}{2\pi l}\left(\ln \frac{8l}{d} - 1\right) \tag{1-3}$$

式中　ρ——土壤电阻率；

l——接地体长度，m；

d——接地体直径，m。

当有 n 根垂直接地体时，如图 1.7（b）所示，由于各接地体间流散电流互相屏蔽，因此总电阻 R_e' 为

$$R_e' = \frac{R_e}{n\eta} \tag{1-4}$$

式中　η——利用系数，常取 $0.65 \sim 0.8$。

（2）水平接地体。

$$R_e' = \frac{\rho}{2\pi l}\left(\ln \frac{l^2}{hd} + A\right) \tag{1-5}$$

式中　l——接地体的总长度；

h——接地体埋深，m；

d——接地体直径，m；

A——形状系数，反映接地极之间的屏蔽影响使接地电阻增加的系数。

（3）接地网。接地网一般以水平接地体为主组成，其接地电阻可用下式估算：

$$R_e = \rho\left(\frac{B}{\sqrt{s}} + \frac{1}{L+nl}\right) \tag{1-6}$$

式中　B——按 $l/\sqrt{s}$ 值决定的系数，可以在表中查得；

　　　s——接地网的总面积，m^2；

　　　L——全部水平接地体的总长度，m；

　　　n——垂直接地体的根数；

　　　l——垂直接地体的长度，m。

当雷电流流过接地装置时，接地体和土壤所呈现的响应不同于工频下的响应，即冲击接地电阻一般并不等于它的工频接地电阻。

由于雷电流具有幅值大、等值频率的特点，因此，雷电流通过接地体注入土壤与其他接地发生的物理过程有明显差异。电流幅值大就会使地中电流密度增大，因而提高了电场强度，在靠近接地体处尤为显著。此电场强度超过土壤击穿场强时会发生局部火花放电，其效果可视为接地体的尺寸和土壤的电导都增大了。因此，同一接地装置在幅值很高的冲击（雷）电流作用下，其接地电阻要小于工频电流下的数值，这称为火花效应。

雷电流的等值频率高，这会使接地体自身的电感受到影响，阻止电流向接地体流动，接地体越长，这种影响越明显，结果使得接地体得不到充分利用。雷电流冲击下的接地体电阻值高于工频接地电阻，称为电感效应。电感效应和火花效应对冲击电流下的接地电阻值的影响是相反的，最后形成的冲击接地电阻 R_i 或大于或小于工频接地电阻 R_e，结果将由两种效应的综合值确定。

通常用冲击系数 α_i 表示 R_i 与 R_e 的关系，即

$$\alpha_i = \frac{R_i}{R_e} \tag{1-7}$$

1.3.3　过电压与绝缘配合原则

电力系统的绝缘配合是指综合考虑电气设备在系统中可能承受的各种作用电压（工作电压及过电压）、保护装置的特性和设备绝缘对作用电压的耐受特性之间的关系，合理确定电气设备的绝缘水平，使设备造价、维护费用和设备绝缘故障引起的事故损失费用三者综合为最小。

合理的绝缘配合是电力系统安全、可靠运行的基本保证，是输变电设备安全运行的核心内容。不会因为绝缘水平取得过高，而使设备尺寸过大及造价过高，产生不必要的投入；也不会因为绝缘水平取得过低，而使设备在运行中事故率增加，导致事故损失及维护费用过大。所以，输变电设备的绝缘配合是一个复杂的、综合性很强的技术经济问题。

电气设备的绝缘水平是指设备绝缘能耐受的试验电压值（耐受电压），在此电压作用下，绝缘不发生闪络、击穿或其他损坏现象。由于设备绝缘对不同作用电压的耐受能力不用，同一绝缘对不同的作用电压有其相应的耐受电压值，即同一绝缘对于不同的作用电压有其不同的绝缘水平。考核设备绝缘承受运行电压、工频过电压及等价承受操作过电压和

雷电过电压的能力的值称为短时（1min）工频耐受电压值；考核绝缘承受运行电压和工频过电压作用下内绝缘老化和外绝缘耐污秽性能的值称为长时间（1～2h）工频耐受电压值；考核绝缘承受雷电过电压作用的能力的值称为雷电冲击耐受电压值；考核超高压设备绝缘承受操作过电压作用的能力的值称为操作冲击耐受电压值。

电力系统中的绝缘包括发电厂、变电所中电气设备的绝缘和输配电线路的绝缘。从绝缘结构和特性区分，有外绝缘和内绝缘。外绝缘是指与大气直接接触的绝缘部件，一般是瓷或硅橡胶等表面绝缘和空气绝缘，外绝缘的耐受电压值与大气条件（气压、气温、湿度、雾、雨露、冰雪等）密切相关，沿面闪络和气隙击穿是外绝缘丧失绝缘性能的常见形式，但事后能恢复其绝缘性能，故属于恢复性绝缘。内绝缘是指不与大气直接接触的绝缘部件，其耐受电压值基本上与大气条件无关。一般来说，内绝缘是由固体、液体、气体等绝缘材料组成的复合绝缘。例如，变压器类设备的内绝缘主要是油纸绝缘，这类绝缘在过电压多次作用下，会因累积效应使绝缘性能下降，一旦绝缘被击穿或损坏，不能自动恢复原有的绝缘性能，故属非自恢复型绝缘。实际中，一台设备的绝缘结构总是由自恢复和非自恢复两部分组成，通常并不简单地把一台设备的绝缘说成是自恢复型或非自恢复型，仅当一台设备的非自恢复绝缘部分发生沿面或贯穿性放电的概率可以忽略不计时，才可称其绝缘为自恢复型，或者相反。

绝缘配合的本质是合理处置作用电压与绝缘强度的关系，而电力系统中各类作用电压与电力系统中性点运行方式相关，因而中性点运行方式将直接影响系统绝缘水平的确定。在中性点有效接地系统中，相对地绝缘承受的长期工作电压为运行相电压；而非有效接地系统允许带单相接地故障运行一定时间，此时最大工作电压为线电压。这两种系统中选用的避雷器参数是不相同的。有效接地系统中避雷器额定电压比非有效接地系统要低，残压也相对较低，故电气设备承受的雷电过电压也相对较低，约低20%。对于操作过电压，在有效接地系统中，操作过电压是在相电压基础上产生的；而在非有效接地系统中，则可能在线电压基础上产生，故前者的过电压倍数的比后者低20%～30%。因此，对同一电压等级的电力系统，若中性点非有效接地，则其绝缘水平要高于有效接地。

电气设备绝缘水平由作用于绝缘上的最大工作电压、雷电过电压及操作过电压三者中最严重的一种所决定。为达到较佳的技术经济效果，在不同电压等级中对这些作用电压的处置是不同的。在220kV及以下系统中，要求把雷电过电压限制到低于操作过电压是不经济的，因此在这些系统中，电气设备的绝缘水平由雷电过电压决定。限制雷电过电压的措施主要是采用避雷器，避雷器的雷电冲击保护水平是确定设备绝缘水平的基础。对于输电线路，则要求达到一定的耐雷水平。由这样确定的绝缘水平在正常情况下能耐受操作过电压的作用，故220kV及以下系统一般不采用专门的限制内部过电压的措施。随着输变电电压的提高，操作过电压对绝缘的威胁将明显增大，在330kV及以上的超高压系统中，一般需采用专门的限压措施，如并联电抗器、带有并联电阻的断路器及金属氧化物避雷器等，将操作过电压限制至容许值。由于限制过电压措施和要求不同，绝缘配合的做法也不同。例如，俄罗斯等主要用复合型磁吹避雷器及过电压限制器限制操作过电压，所以是按避雷器的操作过电压保护特性确定设备绝缘水平；美国、日本、法国等则主要通过改进断路器的性能，将操作过电压限制到预定的水平，避雷器是作为操作过电压的后备保护，实际上，设备绝缘水平是以雷电过电压下避雷器的保护特性为基础确定的。我国采用后一种做法。无论哪种做法，均以避雷器保护特性为基础。对于输电线路绝缘水平的选择，仍以保证一定的耐雷水平为目标。

随着限制过电压措施的不断完善，当过电压被限制到 1.7~1.8 倍或更低时，长时间工作电压就可能成为决定系统绝缘的主要因素。

在污秽地区，外绝缘强度受污秽影响而大大降低，污闪事故常在恶劣气象条件和工作电压下发生。所以，严重污秽地区电力系统外绝缘水平主要由系统最高运行电压所决定。

在电力系统中，绝缘配合是不考虑谐振过电压的，因在系统设计和运行中要求避免发生谐振过电压。

通常，为保证线路的安全运行，线路绝缘水平远高于变电所电气设备的绝缘水平。虽然多数过电压发源于线路，但高幅值的过电压波传入变电所时，电压幅值将被所内避雷器限制，而所内设备绝缘是以避雷器残压为基础确定的。所以，在具有进线段保护和避雷器保护的线路，线路过电压波一般不会威胁所内电气设备绝缘。

1.4 过电压抑制与保护措施

1.4.1 内部过电压抑制措施

1.4.1.1 操作过电压的危害

在电力系统中，改变设备的运行状态、系统运行方式以及事故处理均是通过倒闸操作实现的，即是通过断路器来实现的。倒闸操作是变电运行工作中不可或缺的重要组成部分。但在运行操作过程中，过电压对其损害较大。

（1）截流过电压。由于断路器具有良好的灭弧性能，当开断小电流时，电弧在过零前熄灭。由于电流被突然切断，其滞留于电机等电感绕组中的能量必然向绕组中的杂散电容转移。对于电机和变压器，特别是空载或容量较小时，则相当于一个大的电感，且回路电容量较小，因此会产生高的过电压，特别是开断空载变压器时更危险。

（2）多次重燃过电压。在真空断路器切断电流的过程中，触头的一侧为工频电源，另一侧为 LC 回路充放电的振荡电源，如果触头间的开距不够大，两个电压叠加后就会使弧隙之间发生击穿，断路器的恢复电压就会升高。如时触头开距不够大，就会发生第二次重燃，再灭弧，再重燃，以至发生多次重燃现象。多次的充放电振荡，使触头间的恢复电压逐渐升高，负载端的电压也不断升高，损坏电气设备。

（3）三相开断过电压。三相开断过电压是由于断路器首先开断相弧隙产生重燃时，流过该相弧隙的高频电流引起其余两相弧隙中的工频电流迅速过零，致使末开断相随之被切断，在其他两相弧隙中产生类似较大水平的截流现象，从而产生更高的操作过电压，产生的过电压加在相间绝缘上。在开断中，小容量电机或轻负荷情况下容易出现三相开断过电压。对母线支撑件、套管以及所连接的二次设备产生影响。

1.4.1.2 操作过电压的抑制措施

1. 切除空载线路过电压

切除空载线路产生过电压的根本原因是断路器电弧重燃，因此，提高断路器的灭弧性能，增大其触头间介质的恢复强度和灭弧能力以避免发生重燃现象，是限制切除空载线路过电压的最根本的方法。此外常用的还有采用带有并联电阻的断路器以及避雷器等措施。

2. 合闸空载线路过电压

装载带有合闸并联电阻的避雷器和断路器是直接限制合闸操作过电压的最有效的措施。为避免线路残压带来的影响，可以采用单相自动重合闸。此外，选相合闸也是克服合闸相位对过电压的影响而可以采取的一种非常有效的措施。

3. 弧光接地过电压

单相接地是运行电网常有的故障形式，而且常以电弧接地的故障形式出现。在中性点绝缘的电网中，如果发生一相导线电弧接地，会在系统中产生数倍过电压倍数的弧光接地过电压。这样高的过电压作用于电网可长达数小时，会造成电气设备内绝缘的积累性损伤，在绝缘薄弱环节处则会发生对地击穿，进而发展成为相间短路事故。在间歇性电弧接地暂态过程中，实际系统会形成多频振荡回路，不仅会产生高幅值的相对地过电压，而且还可能出现高幅值的相间过电压，使相间绝缘弱点闪络，发展成为相间短路事故。

要消除这种过电压，一般采用的是中性点经消弧线圈接地的运行方式。中性点经消弧线圈接地，在大多数情况下能够迅速地消除单相的瞬间接地电弧而不破坏电网的正常运行，接地电弧一般不重燃，从而限制了单相电弧接地过电压。

4. 切除空载变压器引起的过电压

切除空载变压器属于电力系统中的切断感性小电流的情况。由于断路器熄灭小电弧的能力强，可在电流达到零点前发生强制熄弧，从而使绕组的磁场能量转化为电场能量，引起幅值较高的切空变过电压。这种过电压可用带并联电阻开关来加以限制，因为并联电阻能够让变压器的磁场能量通过它予以释放。此外，由于过电压的能量不大，故可用阀型避雷器加以限制。

1.4.1.3 暂态过电压的危害

1. 工频电压升高

在电力系统中，由于运行方式有时会在操作或故障下突然改变，而出现幅值超过最大运行相电压幅值、频率为工频或接近工频的过电压，称为工频电压升高。几种常见的工频电压升高是：空载长线路的电容效应引起的电压升高；不对称短路时正常相上的工频电压升高；甩负荷引起发电机加速而产生的电压升高等。工频过电压倍数一般小于2倍，对于220kV及以下系统正常绝缘的电气设备是没有危害的，但对于特高压、超高压远距离输电系统，工频过电压对确定系统绝缘水平有决定作用，这是因为发生工频过电压的同时，系统中有可能伴随着操作过电压，这两种过电压的联合作用会对绝缘造成很大危害。

2. 谐振过电压

电网中存在大量星形接线的电压互感器，其一次绕组直接接地，成为电网对地电容电流、高次谐波电流的充放电途径，当线路接地时，电压互感器的铁芯线圈相当于与非故障线路对接电容并联，构成了可能产生谐振的并联电路，相对地电压可升高3～5倍，有可能使得电压互感器的铁芯出现饱和或接近饱和，阻抗变小，电路中出现容抗和阻抗相等的情况，从而产生了并联谐振，此时互感器一侧的电流最大，这样有可能使电压互感器的高压侧熔断件熔断，或者烧坏电压互感器，以及电缆爆炸。此种情况往往在变电站投产初期（线路出线回路少）不是很明显，但随着线路出线回路的增多（各回线路对地的等值电容量增大，容抗增大），出现谐振的情况较多。

1.4.1.4　暂态过电压的抑制措施

（1）提高开关动作的同期性。由于许多谐振过电压是在非全相运行条件下引起的，提高开关动作的同期性，防止非全相运行，避免产生中性点位移电压，可以有效防止谐振过电压的发生。

（2）在并联高压电抗器中性点加装小电抗。

（3）破坏发电机产生自励磁的条件，防止参数谐振过电压。

（4）在中性点非直接接地的系统中，选用励磁特性较好的电磁式电压互感器或电容式电压互感器，在电磁式电压互感器的开口三角形线圈内（35kV 以下系统）装设 $10\sim100\Omega$ 的阻尼电阻；在 10kV 及以下电压的母线上，装设中性点接地的星形接地电容器组等。

1.4.2　雷电过电压的保护措施

1.4.2.1　雷电过电压的危害

1. 直击雷的危害

雷直击地面上的人或动物将造成死亡。雷击的热效应能造成火灾，如森林大火、油库爆炸等，雷击输电线路或建筑会引起金属烧烛，产生由于强大的雷电流流过而形成的过电压，引起绝缘击穿，破坏电气及电子设备。

2. 感应雷的危害

雷击大地后，强大的电磁脉冲会使附近的物体产生电磁感应和静电感应，这种感应雷可能破坏配电网电气及电子设备。

3. 雷电侵入波的危害

雷电击中输电线路或建筑物后，雷电波可以沿着输电线路进入变电站，或沿着电缆（包括电源或通信线）进入建筑物内，损坏电气及电子设备。

4. 跨步电压和接触电压

雷击中地面后，雷电流将由雷击点或流过地面上的被击物后入地。由于大地具有一定的电阻率，电流入地点及电流流经处就会出现一定的电位升高。雷电流入地点附近的地表将会呈现一定的电位分布，若此时雷击点附近正好有人或动物，由于站立或行走于地表的不同两点，这两点之间的跨步电位差作用于人或动物身上，可能会造成伤亡。如果与被击物有身体接触，则接触点与站立点之间的接触电压也可能造成伤亡。

5. 高电位引外

雷电流进入大地后，引起雷击点地电位升高，若有自接地极引出的金属管或金属轨道，就有可能将接地极的高电位传到较远的地方，危及远处的设备及人或动物的生命财产安全。

1.4.2.2 架空输电线路防雷保护

输电线路是电力系统的大动脉，因而线路的雷击事故在电力系统总的雷害事故中占有很大的比重。输电线路防雷保护的根本目的就是尽可能减少线路雷害事故的次数和损失。

为了表示一条线路的耐雷性能和所用防雷措施的效果，通常采用的指标有：

（1）耐雷水平。雷击线路时，其绝缘尚不至于发生闪络的最大雷电流幅值或能引起绝缘闪络的最小雷电流幅值。

（2）雷击跳闸率。是指在雷暴日 $T_d = 40$ 的情况下，100km 的线路每年因雷击而引起的跳闸次数。

常用的防雷措施有以下几种。

1. 架设避雷线

架设避雷线是输电线路防雷保护的最基本和最有效的措施。避雷线的主要作用是防止雷直击导线，同时还具有以下作用：①分流作用，以减小流经杆塔的雷电流，从而降低塔顶电位；②通过对导线的耦合作用可以减小线路绝缘子的电压；③对导线的屏蔽作用还可以降低导线上的感应过电压。

通常来说，线路电压越高，采用避雷线的效果越好，而且避雷线在线路造价中所占的比重也越低。因此，110kV 及以上电压等级的输电线路都应全线架设避雷线。

2. 降低杆塔接地电阻

降低杆塔的接地电阻可以减小雷击杆塔时的反击电位，这是配合架设避雷线所采取的一项有效措施。对于接地阻值过大的地网，采取增大地网型号或增加地网辐射线的方式进行处理，部分地段还可采用降阻剂，以满足线路运行要求。

3. 加强线路绝缘

由于输电线路个别地段需采用大跨越高杆塔（如跨河杆塔），这就增加了杆塔落雷的机会。高塔落雷时塔顶电位高，感应过电压大，而且雷电绕击的概率也较大。为降低线路跳闸率，可在高杆塔上增加绝缘子串片数，加大大跨越档导线与地线之间的距离，以加强线路绝缘。在 35kV 及以下的线路可采用瓷横担等冲击闪络电压较高的绝缘子来降低雷击跳闸率。

4. 架设耦合地线

在降低杆塔接地电阻有困难时，可以采用在导线下方架设地线的措施，具有一定的分流和增大导地线之间的耦合系数的作用，因而能提高线路的耐雷水平和降低雷击跳闸率。

5. 采用不平衡绝缘方式

在现代高压及超高压线路上，同杆架设的双回路线路日益增多，此类线路在采用通常的防雷措施尚不能满足要求时，可考虑采用不平衡绝缘方式来降低双回路的雷击同时跳闸率，以保障线路的连续供电。不平衡绝缘的原则是使双回路的绝缘子串片数有差异，这样，雷击时绝缘子串片数少的回路先闪络，闪络后的导线相当于地线，增加了对另一回路导线的耦合作用，提高了线路的耐雷水平使之不发生闪络，保障了另一回路的连续供电。

6. 装设自动重合闸

由于雷击造成的闪络大多能在跳闸后自行恢复绝缘性能，所以重合闸成功率较高，据统计，我国 110kV 及以上高压线路重合成功率为 75%～95%，35kV 及以下线路为 50%

~80％，因此各级电压的线路应尽量装设自动重合闸。

7. 采用消弧线圈接地方式

该方式适用于雷电活动强烈、接地电阻又难以降低的地区，可采用中性点不接地或经消弧线圈接地的方式。这样可使由雷击引起的大多数单相接地故障能够自动消除，不致引起相间短路和跳闸。而在二相或三相落雷时，由于先对地闪络的输电导线相当于一条避雷线，增加了分流和对未闪络相的耦合作用，使未闪络相绝缘上的电压下降，从而提高了线路的耐雷水平。

8. 装设管型避雷器

管型避雷器仅用作线路上雷电过电压特别大或绝缘薄弱点的防雷保护，安装在高压线路交叉处或高压线路与通信线路之间的交叉跨域档、过江大跨域杆塔、变电站的进线保护段处，能免除线路绝缘的冲击闪络，并使建弧率降为 0。

9. 采用线路型金属氧化物避雷器

在雷电活动特别频繁和土壤电阻率较大的地区，可采用线路型金属氧化物避雷器进行防雷。该避雷器采用复合绝缘外套，重量轻，便于安装。它并接于线路绝缘子串两端，当线路避雷器两端电压达到一定值时动作，泄放电荷，从而避免了绝缘子串发生闪络，降低线路的雷击跳闸率。

1.4.2.3 发电厂和变电所的防雷保护

发电厂、变电所中出现的雷电过电压有两个来源：雷电直击发电厂、变电所；沿输电线路入侵的雷电过电压波。

1. 发电厂、变电所的直击雷保护

雷电直接击中变电所设施的导电部分，则出现的雷电过电压很高，一般都会引起绝缘的闪络或击穿，所以必须装设避雷针或避雷线对直击雷进行防护。

按照安装方式的不同，可将避雷针分为独立避雷针和装设在配电装置构架上的避雷针两类。对于 110kV 及以上的变电所，可以将避雷针架在配电装置的构架上，这是由于此类电压等级配电装置的绝缘水平较高，雷击避雷针时在配电构架上出现的高电位不会造成反击事故。对于 35kV 及以下的变电所，因其绝缘水平较低，故不允许将避雷针装设在配电构架上，以免出现反击事故，需要架设独立避雷针，并应满足不发生反击的要求。

2. 发电厂、变电所的雷电侵入波保护

装设阀式避雷器是变电所对雷电侵入波进行保护的主要措施，它的保护作用主要是限制过电压波的幅值。但是还需要有"进线段保护"与之配合。

对一般变电所的雷电侵入波保护设计主要是选择避雷器的安装位置，其原则是在任何可能的运行方式下，变电所的变压器和各设备距避雷器的电气距离皆应小于最大容许电气距离。避雷器一般安装在母线上，并尽量靠近变压器。

3. 变电所的进线段保护

变电所进线段保护的作用有两方面：一方面是雷电过电压波在流过进线段时因冲击电晕而发生衰减和变形，降低了过电压的波前陡度和幅值；另一方面是限制流过避雷器的冲击电流幅值。对于那些未沿全线架设避雷线的 35kV 及以下的线路来说，首先在靠近变电所（1～2km）的线段上加装避雷线，使之成为进线段；对于全线有避雷线的 110kV 及以上的线路，将靠近变电所的一段长 2km 的线路划为进线段。在进线段上，加强防雷措施、提高耐雷水平。

4. 三绕组变压器的防雷保护

高压侧有雷电过电压波时，通过绕组间的静电耦合和电磁耦合，低压侧将出现一定过电压，通过在任一相低压绕组加装阀式避雷器可进行防护。

5. 自耦变压器的防雷保护

如图 1.8 所示，高压侧进波时，应在中压断路器 QF2 的内侧装设一组阀式避雷器（FU2）进行保护；中压侧进波时，在高压断路器 QF1 的内侧也应装设一组避雷器（FU1）进行保护。当中压侧接有出线时，还应在 AA′ 之间再跨接一组避雷器。

6. 变压器中性点保护

110kV 及以上变压器的中性点有效接地系统，中性点为全绝缘时，一般不需采用专门的保护。但在变电所只有一台变压器且为单路进线的情况下，仍需在中性点加装一台与绕组首端同样电压等级的避雷器。当中性点为降级绝缘时，则必须选用与中性点绝缘等级相当的避雷器加以保护，同时注意校核避雷器的灭弧电压。

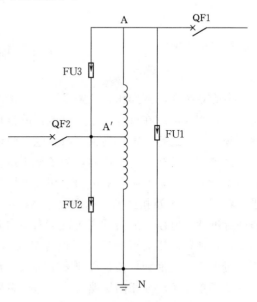

图 1.8 自耦变压器的防雷保护

35kV 及以下的中性点非有效接地系统，变压器的中性点都采用全绝缘，一般不设保护装置。

7. 直配电机的防雷保护

直配电机的防雷保护包括电机主绝缘、匝间绝缘和中性点绝缘的保护。

直配电机的防雷措施如下：

（1）在每台发电机出线母线处装设一组避雷器，限制侵入波幅值。

（2）在发电机电压母线上装设电容器，限制侵入波陡度和降低感应过电压。

（3）进线段保护，限制流经避雷器的雷电流小于 3kA（对直配电机以 3kA 下的残压作为设计标准）。

1.5 本 章 小 结

本章介绍了电力系统中的过电压，包括成因与分类、绝缘配合问题、过电压的抑制和保护措施，详细介绍了过电压的保护装置，包括避雷针、避雷线、避雷器、防雷接地装置等。针对不同的操作过电压提出了相应的限制措施，对于雷电过电压，还需对架空输电电路、发电厂和变电所进行防雷保护。最大工作电压、雷电过电压及操作过电压三者中最严重者决定了电气设备的绝缘水平情况，绝缘配合则是要合理处置电压和绝缘水平的关系。

第2章 过电压监测系统结构及测试方法

2.1 概　述

电力系统在电网操作、故障及雷击等情况下，都会产生暂态过电压。电气设备的设计选型时，都要考虑在可能发生的过电压的情形下，结合绝缘配合，使得能够在较低的故障率下长期正常运行。虽然绝大多数过电压幅值不会对系统造成明显的危害，但当出现严重危害系统安全运行的过电压时，为了便于运行管理人员及时分析查找故障原因，提出改进绝缘配合的方法，有必要对电力系统过电压进行实时监测。为了检验设备的过电压耐受水平，在 IEC 标准及相关国家标准中，都给出了标准的试验电压波形，如用 $1.2/50\mu s$ 的双指数标准冲击电压波形测试高压设备对雷电过电压的耐受能力；用 $250/2500\mu s$ 的双指数标准操作冲击电压波形测试高压设备对操作过电压的耐受能力。在实际电网的运行状态下，过电压的波形和传播过程要复杂得多。雷击后会产生雷击过电压，甚至是多次雷击，如果造成单相接地或相间短路故障，保护装置在短暂的时间内跳闸，会引起操作过电压；断路器重合也会引起操作过电压，某些情况下会产生振荡。因此实际设备上承受的是多种过电压叠加的复杂过程。

运行经验表明，电网中的设备事故多数是由暂态过电压对绝缘的破坏引起的。过电压引起设备损坏的过程十分复杂，往往幅值高、持续时间极短的雷电过电压是诱因，幅值虽小但持续时间长的操作过电压、暂态过电压进一步造成设备绝缘的损坏。尽管抑制暂态过电压的措施已较为完备，但暂态过电压依然是危及输变电设备绝缘的重要因素。

复杂的过电压过程对暂态过电压的记录技术带来了挑战。不同类型过电压等效频率、幅值、持续时间等特征差异极大，需要实现高压、高速、宽频带、大数据量的记录系统。由于电网的接地方式不同，对记录时长提出的要求也不同。中性点直接接地系统中，单次需要的记录时长不太长，考虑到后续重合闸的过程，应具有连续记录的能力；中性点不接地或经阻抗接地系统中，发生单相接地故障时，带故障运行 2h，期间发生的过电压现象可能是不定期间歇性的，也可能有系统振荡。同时，如何在变电站内实现宽频带的暂态电压取样装置，变换为低电压供电子记录装置采集也是需要解决的问题。另外，电子记录装置的电磁兼容设计也非常关键，要求能够抵抗沿测量电缆传递过来的瞬态地电位抬升对设备隔离电源造成的冲击，避免干扰测量，也避免造成设备损坏。

国内外对暂态过电压的在线监测技术进行了大量研究工作，也提出了许多解决方案。针对高速率采集与长时间记录的矛盾有不同的解决方案。采用实时硬件波形压缩技术是较理想的解决方案。

针对上述情况，本章在对过电压在线监测技术一般分析的基础上，提出了一种基于实时波形压缩技术与波形断面启动技术的暂态过电压在线监测技术，该技术有效地解决了上述问题，实现了对电力设备暂态过电压进行稳定、可靠、精确测量，为地区电网绝缘配合设计校核和设备绝缘损坏事故提供参考依据。

2.2 暂态过电压的监测及分析技术综述

暂态过电压的特征是研究学者及现场运行管理部门关心的内容，准确获取过电压波形及幅值是过电压监测的核心内容，而分析过电压的特征是过电压监测的目标。过电压监测涉及的专业面较广，包含高电压及绝缘技术、传感器技术、电子技术、信号处理技术、计算机技术、软件技术及高级分析算法等领域。电网暂态过电压监测包含以下几个方面内容：过电压信号的获取、过电压信号的调理采集与存储、过电压信号的特征量提取与识别分析、过电压事件的统计与事故分析等内容。

运行经验和研究表明，电力系统的安全可靠稳定运行与其绝缘水平和过电压大小密切相关，外部和内部过电压是引发电力系统绝缘事故的主要原因之一。为了便于运行和管理人员及时分析查找故障原因，提出改进绝缘配合的方法，有必要对过电压进行实时监测。典型过电压的在线监测信号采集框图如图2.1所示。

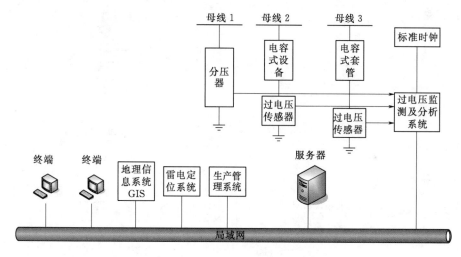

图 2.1 典型过电压在线监测信号采集框图

对于采集到的波形都需要人工判断，工作量大，不利于事故的快速分析和及时处理[23,29]。基于过电压机理及特诊点，过电压分层识别分类树[30]如图2.2所示。

2.2.1 暂态过电压监测系统参量及系统构成

暂态过电压在线监测系统一般是由暂态过电压分压取样装置、数据采集装置、数据分析单元等部分组成，如图2.3所示。

1. 分压取样装置

信号传输单元负责实现过电压监测系统各单元间数据的传输功能。过电压监测装置数据处理单元一般远离现场，故需配置专门的信号传输单元。过电压在线监测装置通常采用

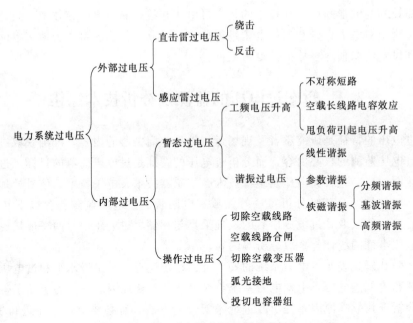

图 2.2　过电压分层识别分类树

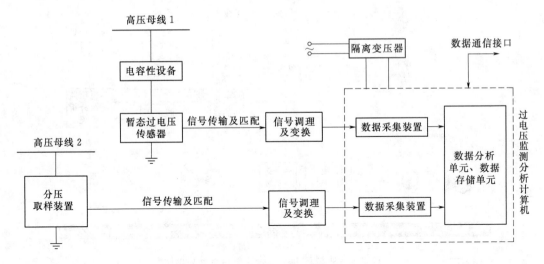

图 2.3　暂态过电压在线监测装置基本原理

同轴电缆或光纤作为信号传输的媒质。同轴电缆具有信号衰减小、安装简单方便、成本低等优点，但其与采集系统有直接的电气连接，因此，必须采取可靠的保护措施，以确保人身和设备的安全。光纤作为传输媒质，具有传输容量大、不受电磁干扰、可靠性高、绝缘性能好等优点，特别适合过电压信号的传输，但其需要专门的光发射和接收机，安装维护较困难，故成本较高。

2. 数据采集装置

数据采集是将来自传感器的模拟信号转换为数字信号后，送往数据处理系统，以对监测到的信号进行分析、处理。数据采集系统一般包括信号预处理单元和数据采集单元。信号预处理单元主要是对输入信号的电平作必要的调整，以满足模数转换器对输入模拟信号电平的要求，同时采取一些措施抑制干扰，提高信噪比。数据采集单元包括采样保持和模数转换器 ADC。前者由采样保持放大器、电子开关、保持电容器等元器件组成，其功能是在模数转换周期内存储信号的各个输入量，并把数值大小不变的信号送入模数转换器。ADC 是数据采集系统的核心，需要满足转换速度和精度两方面的要求。根据满足采集雷电过电压的要求，一般采样频率在 5MHz 以上。

3. 数据分析单元

数据分析单元是全系统的软件核心。数据分析一般分为在线监测和离线分析两类。在线监测软件主要提供硬件驱动，实现过电压的采集功能。离线分析是对采集下来的数据进行分析处理。离线分析软件主要实现波形显示、电压参数测量、频谱分析、波形打印和提供专家诊断等功能。

暂态过电压在线监测系统按系统的组成结构可以划分为集中式和分布式。

（1）集中式。如图 2.4 所示，在集中式暂态过电压在线监测系统中，传感器获取的信号通过长距离的模拟信号的方式传输到后台主机处，由主机上的采集电路板统一完成获取处理工作。在这种系统中，数据的采集、获取、监控和处理等功能都由监控主机完成，用于获取数据的采集卡采用通用采集卡，对监控主机的性能要求很高，一般采用功能强大、安全稳定的工控机。这种方式是目前国内普遍采用的形式，如 GDY-II 高压电网过电压在线监测仪、内部过电压在线监测仪（NGZY-1）、重庆大学研制的过电压在线监测系统等。集中式监测技术成熟，可靠性高、采样频率高。缺点是：由传感器获取的过电压信号通过模拟的方式进行长距离的传输不可避免地会出现幅值衰减和波形失真，而且在电磁环境复杂的现场容易受到干扰；主机上的插槽有限，可以配置的采样卡数量有限，不便于扩展；单个系统比较大时，主机的工作性能会制约采集系统的响应速度，实时响应能力变差，而且成本较高。

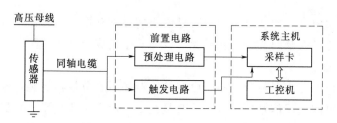

图 2.4 集中式暂态过电压在线监测系统结构框图

（2）分布式。如图 2.5 所示，分布式暂态过电压在线监测系统则将波形采集和数据处理功能由前台机及后台主机分别完成，前台机放置于传感器附近，就近获取传感器信号，将其现场数字化，同时实现故障记录和提供预警信号等功能，并能以预先设定的通信方式将所获取的信息转换格式后传送给后台主机，后台主机则主要完成数据的实时波形显示、故障报警、分析处理以及数据库操作等功能。分布式暂态过电压在线监测系统是未来的发展方向，目前国内外采用这种结构的在线监测系统越来越多，文献中的过电压在线监测系统都采用分布式的结构。

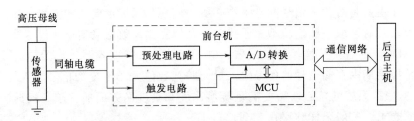

图 2.5　分布式暂态过电压在线监测系统结构框图

分布式暂态过电压在线监测系统主要的优点是：采集单元在传感器工作现场获取传感器信号、进行数据的采集和数字化，然后通过数字通信的方式将数据传输给后台监控主机。数字信号传输的方式稳定性、抗干扰能力强；系统可覆盖范围广，尤其是当前后台主机之间数据传输采用 GPRS 无线方式时。其缺点则是结构复杂、需要突破的技术难点多，如微处理器的性能、通信的稳定性和安全以及传输信号的实时性等。

2.2.2　过电压信号的取样技术

在电网中过电压幅值分布从十几千伏至上千千伏。针对不同电压等级，过电压最高数值也不相同。一般根据绝缘配合原则，通过电气设备的冲击耐受电压，并参考避雷器的放电电压进行特定电压等级过电压范围的确定。一般来讲，电压等级越高，暂态过电压监测的过电压倍数（通常用 p.u. 表示）也越低。

过电压的等效频率差异较大。分频谐振过电压的频率充分可小于工频，工频电压升高及高频谐振过电压主要频率为工频或数倍工频的频率成分。弧光接地过电压由于在单周期内发生母线接地及电弧熄灭等多个暂态过程，其等效频率分布广，主要在工频至数千赫兹范围。操作过电压的频率在数百赫兹至数百千赫兹频率范围，雷电过电压的等效频率可高达数兆赫兹。

电网过电压幅值高、频率分布广。对过电压信号的获取方式提出了挑战，需要考虑取样装置或设备的绝缘安全问题，且要避免对电网安全造成影响。

1. 高压分压器

高压分压器可以分为电阻分压器、电容分压器和阻容分压器 3 类，是目前过电压监测中最常用的获取电网电压信号的装置，尤其是在 35kV 及其以下等级的配电网中。高压分压器结构简单、精度高、暂态响应好、工作稳定，长期运行实践证明高压分压器应用于低电压等级的配网中具有较好的性能。

不过高压分压器工作时与电网并联，高低压臂之间有电的直接联系，影响了电力系统固有的一次线路，测量系统的电气安全特性差，当线路电压等级较高时，长期运行的可靠性、发热、阻抗匹配和耐受冲击等一系列问题会给系统带来潜在的危险。

2. 测量冲击电压的电容电流法

高压线通过一个电阻和电容接地，在电容接地引线上用一个电流互感器（TA）测量电流，通过积分处理电流信号还原线路电压，如图 2.6 所示。

当冲击电压 u 施加到测量系统后，流过高压微分电容器的电流为

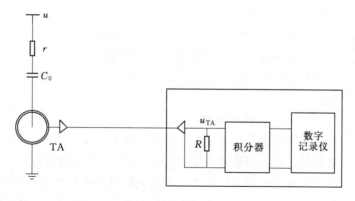

图 2.6　测量系统原理图

$$i_0 = C_0 \frac{du}{dt} \qquad (2-1)$$

电流互感器输出的电压为

$$u_{TA} = K_{TA} R C_0 \frac{du}{dt} \qquad (2-2)$$

经过积分器后的电压输出为

$$u_0 = K_{TA} K_0 C_0 u \qquad (2-3)$$

式中　C_0——接地电容的电容量；

　　K_{TA}——电流互感器的变比；

　　K_0——积分常数。

在电流互感器的通频带内测量系统的输出电压正比于被测线路电压，具有较好的传输特性，不过该电流传感器仅能感应高频信号，不能测量除冲击电压以外的其他信号。

也可用含有外加电容的电压传感器与容性设备串联构成电容分压器获取电压信号，该方法是将电压传感器安装于变压器电容式套管的末屏抽头处，套管等效电容为高压臂电容，电压传感器的外加电容为低压臂电容，两者串联构成电容分压器，对作用在变压器上的电压进行测量。图 2.7 为套管末屏电压传感器结构图。

此方法结构简单，但电压传感器的接入改变了原有的接线方式和高压设备本身的运行状态，在电压传感器出现故障时可能会引起末屏接地线断线，造成末屏放电。

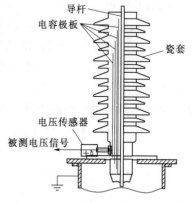

图 2.7　套管末屏电压传感器结构图

为了电力系统的安全，要求过电压在线监测系统尽量不改变电网原有的一次接线，非接触式传感器应运而生，同时也标志着过电压在线监测系统传感技术未来的发展方向。

目前国内外提出的非接触式过电压传感器主要有以下几种。

1. 基于电流互感器的电容分压器

如图 2.8 所示，在该方法中，导线与互感线圈之间的杂散电容和外加电容分别为高压

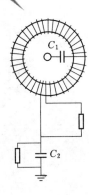

图 2.8　基于电流互感器的电容分压器

端和低压端，采用电容分压的方式进行测量。该方法利用电力系统本身具有的设备进行测量，与一次线路没有直接的电气联系，避免长期并联于高压电网运行带来的问题，电气绝缘特性好。不过电流互感器的杂散电容 C_1 容易受到空间电磁干扰，其电容值不稳定，会给测量系统带来误差。

2. 光纤电压传感器

光纤电压传感器分为有源和无源两类。光纤电压传感器是依据某些特殊晶体的物理效应，如 Pockels 效应（电光效应），kerr 效应以及逆压电效应等来实现电压传感。有源光纤电压传感器由于采用数字光学信号传输，信号无衰减。不过电路中的有源器件需要消耗能量，需要从电网获取电能，电气安全性差。无源光纤电压传感器的测量精度受温度的影响较大，稳定性没有传统的高压分压器好。

3. 基于容性设备泄漏电流的电网电压测量方法

这种测量方法通过测量电容型设备对地泄漏电流对其进行调理积分，重构为母线电压。图 2.9 是其理想电路模型。

该方法利用一个由罗氏线圈组成的电流传感器感应电容型设备对地泄漏电流，在积分电阻上获得一个与泄漏电流成比例的电压信号，再对电压信号进行积分从而还原得到作用于电容型设备上的电网电压波形。这种方法结构简单，具有很好的线性和精度，与高压系统没有直接的电气连接，安全可靠，但是不同的电压波形作用于电容型设备

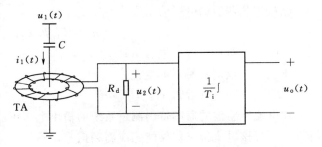

图 2.9　基于容性设备泄漏电流的电网电压测量方法理想电路模型

上时，对地泄漏电流的幅值及频率差异非常大，无法同时测量包括工频、操作及雷电在内的全频带过电压信号。此方法与测量冲击电压的电容电流法不同之处在于，此传感器感应的是电力系统中原有的容性设备接地线上的泄漏电流，不改变电力系统原有的接线方式，而电容电流法则需要从高压线路另外引线，与电网有直接的电气连接。

4. 架空输电线路雷电过电压监测方法

此种方法采用的过电压传感器工作原理示意图如图 2.10 所示，包括感应金属板以及外加电容在内的传感器放置在杆塔上，架空输电线与感应金属板之间存在有一个空间杂散电容 C_1，用外接的小电容 C_2 与其连接，利用电容分压的方式进行测量。传感器的输出从感应金属板下经匹配电阻引出。整个传感器安装于金属屏蔽壳内，屏蔽其他非测量相的干扰。

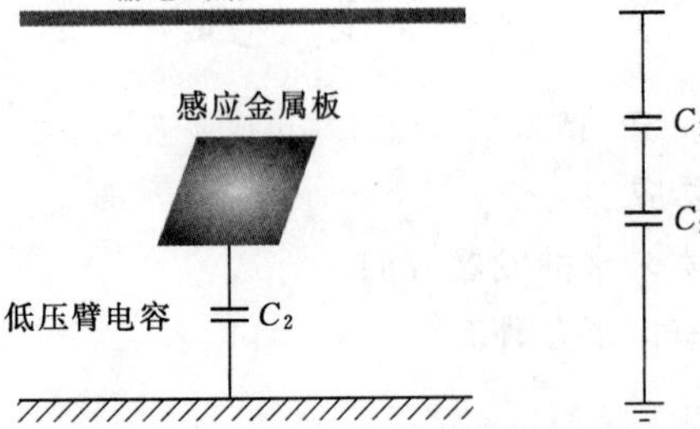

图 2.10　输电线路过电压传感器示意图

采用该方法的传感器结构简单，成本低，具有较高的精度，能获取输电线路上的过电压信号，还能通过分压比变化指示输电线路电晕现象的发生。不过输电线路另外两相也会在传感器上产生输出，同时在电磁条件以及环境条件复杂的现场，该传感器容易由于空间杂散电容的变化引起测量误差。

2.2.3　过电压信号的信号调理及采集技术

从取样装置获取的电压信号需要调理，原因在于：①电压幅值可能超过监测装置的输入范围，需要二次分压以降低进入模数转换器的输入电压；②需要加装 TVS 或限压装置，抑制可能的过高电压侵入；③需要进行二次测量单元参数，如同轴电缆、电阻、电容等参数的阻抗匹配，保证在测量范围内分压比的误差控制在一定范围内；④对信号进行滤波，抑制可能的干扰，或对电压传感器性能进行一定程度的修正；⑤必要时需进行电气隔离。

数据采集单元也是过电压在线监测系统的核心组成部分，其性能直接决定了监测系统的性能。雷电过电压和内部过电压的波形特征差异非常大，雷电过电压波头幅值大，频率高，持续时间短；内部过电压虽然幅值和频率低，不过持续时间更长，这对采集卡的功能和性能提出了非常高的要求。

数据采集技术目前已经比较成熟，通用的采集卡就能拥有比较好的性能，采集的技术指标有采样率、A/D 转换位数、记录长度及内存容量、频带带宽等，现在电子行业发展迅速，电子芯片的性能越来越好，采集技术已经不是制约过电压监测的瓶颈。国家标准规定应用于测量冲击电压的测量系统的 A/D 转换位数为 8 位或 8 位以上，用于测量标准雷电冲击时，要求采样率在 60ms/s 以上。

应用暂态过电压在线监测技术实时对一次设备进行监测，可以精确、可靠地记录变电站一次设备由于各种情况产生的暂态过电压波形，同时通过对过电压波形的分析，可及时发现异常情况和事故隐患，采取预防措施，及时进行维修，以防止事故扩大造成经济损失，对于电网系统的安全运行、节约费用等方面有很大的优越性。

目前国内的 110(66)kV 以上变电站都配有故障录波装置，但该装置记录的是稳态和等值频率不高的暂态过程，不能满足雷电及等值频率较高的操作冲击的记录需求，对于这些快速暂态过电压直接或间接引起的事故，传统录波装置对事故原因分析上的帮助有限。近年来，系统中也安装了一些快速暂态电压记录装置，但大都只能记录一个单次过程。一个事故过程可能是多个暂态过程的集合，如多重雷击、间歇性弧光接地过电压等，这种情况下把暂态及多次暂态间的稳态过程都完整记录下来，更有利于分析事故原因。此时，完整记录整个事故过程面临两难的选择：选择高的采样速率，则常常受到存储空间限制，难以保证暂态过程被完整记录；选择低的采样速率，则无法记录雷电冲击波形及等值频率较高的操作冲击波形。过电压变频采样方法基于雷电与内部过电压的等效频率和持续时间的差异，实现了雷电及内部过电压的完整获取。

目前专用的暂态电压记录仪大致分为系统调试记录操作过电压的暂态记录仪、故障录波器的低速记录设备和过电压在线记录仪 3 类。

（1）系统调试记录操作过电压的暂态记录仪（图 2.11）一般有较高的采样速率，一般为 100kbit/s～10Mbit/s，甚至更高；静态存储器容量在 8Mbyte 左右。如日本横河

708E、中国电科院的 DF1024 等。这类仪器的采样速率通常是可以设置的，当采样速率设置成低速时，也可适用于系统故障录波。

（2）故障录波器（图 2.12）的低速记录设备一般是长期挂网运行，主要用来记录故障的暂态电压、电流信号，采样率通常在 10kbit/s 左右，由于采样率低，数据可以即时转储，因此可以长时间连续记录。目前，在 110kV 及以上电压等级的电网中采用的故障录波装置，主要记录的是以工频及其谐波为基础的故障波形，由于其信号是通过电压互感器获得及采样速率较低等原因，对某些上升沿很陡而宽度很窄的过电压波形不能准确测得幅值及波形。

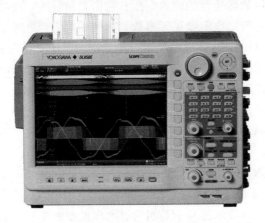 

图 2.11　系统调试记录操作过电压的暂态记录仪　　图 2.12　故障
录波器

（3）过电压在线记录仪专门记录运行中电网中的雷电过电压和操作过电压波形。这类仪器的采样速率一般在 1Mbit/s 左右，静态存储器容量为 1～4Mbyte。这样的参数配置可以满足记录单次雷电过电压波形或单一的操作过电压波形的要求。但是，一次过电压事故过程通常不是单一的过电压过程，仅仅记录单一的过电压，不可能完整记录整个事故过程，这样事故过程的复现就很困难。

2.2.4　过电压信号的识别分析方法

随着计算机科学技术的发展，基于现代人工智能和数字信号处理技术的电力系统信号模式识别的研究已经在国内外广泛开展，并取得了一定的成就。电力系统信号模式识别包括特征提取和类型识别两个过程：①选择合适数学方法提取信号的特征信息；②选择一种恰当的分类方法对其进行识别。

电力系统信号大多为电网监测设备监测到的时域波形，因此，提取电力系统信号的特征信息，主要是提取反映不同信号时域波形特点的有限个数的特征量，其特征量是否有效直接影响模式识别的准确度，因此，特征提取对于模式识别至关重要。目前，电力系统信号的分析方法主要有时域理论、频域理论、小波理论、希尔伯特变换、S 变换理论以及奇异值分解理论。

时域理论：根据电力系统信号的波形特点，分析信号的时域特征，计算出信号的若干个时域参数，作为识别不同电力系统信号的特征参量，其优点是计算简单，思路清晰直观，可以根据所要识别的信号类型提取不同的特征参量。通常提取的时域特征参量有信号有效值、峰值时间、半峰值时间、波形相似度、脉冲因子、峰值因子、峭度、陡度等。不同的电力系统信号具有不同的特征信息，特征参量的选取受主观因素影响较大，具有一定的随意性，缺乏科学统一的选择标准。此外，由于电力系统现场运行环境复杂，某些时域特征存在着难以通过计算准确获取等问题。

频域理论：传统的频域理论分析方法是以傅里叶变换为基础，包括离散傅里叶（DFT）和快速傅里叶变换（FFT），其基本思想是将满足狄里赫利条件的函数表达为三角函数的线性组合，因其良好的频域分析能力，较适用于分析平稳信号，而不适于分析暂态非平稳信号，且自身还存在频谱泄漏的缺点。

不同的电力系统信号可能具有不同数目的特征参量，对于数目较少的特征参量，可以采用阈值判断对信号类型进行识别，但对于特征量数目较多的信号分类，则需要建立分类器，选择合适的模式识别方法。利用小波变换和奇异值分解，有针对性地提取不同过电压的特征参量，并将这些特征参量作为支持向量机分类器的输入，实现 11 种内部和外部过电压的辨识，最后设计了过电压分层识别程序。

电力系统过电压不同于一般的电能质量扰动信号，其频率相对较高，类型众多，且具有一定的层次从属关系，不同的过电压具有不同的时频特征，即使同一种类过电压，因电网电磁环境复杂，其波形也存在一定的差异和分散性，这给过电压模式识别带来了一定的困难。

过电压在线监测装置研制以前，对于过电压的研究大多数是通过建立数学机理模型或通过 MATLAB、EMTP 仿真模型进行的，而对于过电压信号的识别，国内外的研究相对较少。随着过电压在线监测技术的发展，现场实测过电压数据的获取为过电压信号分类提供了依据，国内外逐渐开展对电压信号模式识别课题的研究，这为建立一套完整的电力系统过电压智能识别系统奠定了一定的基础。

2.3　暂态过电压监测的关键技术及难点

暂态过电压由于发生原因不同，系统的接地方式不同，其过程持续时间及信号的变化速度快慢、频率成分含量变化范围很大，对暂态过电压的在线监测带来很高的要求。

一般来说，由于开关分、合操作引起的操作过电压主要是 LC 参数变化引起的振荡，持续时间不长，一般在 1/4 个周波内消失；如果有断开击穿、重燃，也会在分闸瞬间产生高频的分量。

对中性点不接地系统或经阻抗接地系统，可能偶尔会因为参数问题引起谐振、单相接地或对地放电（允许运行 2h），可能会造成弧光接地过电压。该类型过电压持续时间长、频率分量主要是低频分量。有时是间歇发生的，有时是持续发生并相对稳定。

雷电过电压无论是直击雷过电压还是感应雷过电压，发生时持续时间非常短，变化快、幅值高；可能会在短时间内多次发生，如果引起设备绝缘击穿，会混合开关跳闸、重合闸引起的操作过电压等复杂的过程。

2.3.1　暂态过电压动态范围及持续时间

不同的中性点接地系统对过电压记录时长要求不同。中性点不接地及经阻抗接地系统，要求能够记录最长 2h 内随时发生的各种过电压，频率成分范围大。根据绝缘水平，最大过电压倍数范围不低于 5p.u.。

对中性点直接接地系统，发生单相接地时，开关会在短时间内跳开，单次的过电压持续时间并不是很长，一般最少记录 12 个工频周期即可，但应该能够持续记录，随时捕捉发生的过电压过程。中性点接地系统的绝缘水平一般较低，考虑到过电压的保护设备，不同电压等级的系统最大过电压范围为（2～3）p.u.。

2.3.2　暂态过电压的波形记录技术

总体来说，暂态过电压记录装置需要能够具备高的采样率，能够准确记录到很快速的雷电过电压，最高采样率不小于 20Mbit/s；同时又要求记录的时间长，最长能够满足 2h 内发生过电压记录的要求。如果同时满足这两个条件，则对记录装置的设计提出了挑战，需要具有高速的数据采集、处理的能力，同时又需要很大的存储空间。

2.3.3　暂态过电压的分压传感技术

在变电站中获取电压信号，需要采用电压互感器将高压变换为低压，供二次设备采集使用。电压互感器有电磁式电压互感器和电容式电压互感器两种。电磁式电压互感器是现在变电站中采用最广泛的设备，利用变压器的原理，经过"电—磁—电"的变换。但是，电磁式电压互感器是用于测量工频电压及其低次谐波的，所以暂态过电压的高频分量经过铁芯的衰减、畸变，已经不能真实地反映电网承受过电压的真实情况。

在高压试验室用电容分压器（图 2.13）中，比较常用的是电容式分压器或阻容式分压器，其响应频带宽，容易获得较准确的电压信息。

图 2.13　高压试验室用电容分压器

为了测量暂态过电压，需要能够在变电站中利用现有的设备构建具有良好响应的暂态电压分压系统，以满足暂态过电压在线监测的需求。

暂态过电压记录装置工作在变电站现场，因此当采用电容式分压系统时，由于信号接地并不能隔离，因此记录装置必须具有良好的抵抗变电站暂态地电位抬升的问题，避免干扰信号串入记录系统，并避免设备的损坏。

目前电网过电压监测装置大致存在以下问题：

（1）现有的过电压监测装置大多数只能完成对电网内部过电压的监测，而不能同时监测雷电过电压和内部过电压。

（2）频繁误启动问题。根据现场运行经验，大多数挂网运行的各类过电压在线监测装置都存在此问题。归结原因主要是启动元件的灵敏度太高和启动值设置不合理，以及设备抗干扰能力差，系统有微小扰动即造成装置的频繁误启动。

（3）高采样速率需求和低数据容量需求的矛盾问题。选择高的采样速率，则必然会造成所记录波形文件较大，不仅过大地占据存储空间，同时还导致数据文件传输移植效率降低；选择低的采样速率，则无法记录雷电冲击波形及等值频率较高的操作冲击波形。

（4）软件分析能力低。现在运行的绝大多数过电压在线监测装置软件通常只提供了过电压波形的显示和打印功能，而不具备过电压数据分析能力，数据的分析只能依靠人工的方法，由生产技术人员凭经验进行分析。

（5）过电压在线监测装置的标准问题。现在国内已研制出十余种过电压在线监测装置，但至今还没有一个正式的国家标准或行业标准推出，以作为制造厂家生产和用户验收的依据。

针对以上问题，提出一种新颖的暂态过电压在线监测技术，该技术采用波形压缩技术和波形断面启动技术，有效解决了采样速率和存储大小相互制约的问题，同时采用先进的抗干扰技术，大幅减少了监测设备由于干扰问题造成的波形记录误启动的情况。

2.4 暂态过电压在线监测中的抗干扰技术

暂态过电压监测电磁干扰主要有三方面的来源：①由测量用的射频同轴电缆外皮中通过的瞬态电流引起的干扰；②暂态过电压波传播或断路器动作产生的空间电磁辐射；③监测系统电源线引入的干扰。

2.4.1 通道隔离

暂态过电压监测系统模拟电路和数字电路之间的供电采用隔离电源，隔离电压4000V，模拟电路与数字电路之间采用数字隔离芯片进行隔离，图2.14是单通道信号采集板卡的电路框图。每个过电压采集装置配置三个通道，各模拟通道之间相互隔离，隔离电压2000V，有效避免了通道之间互相干扰。

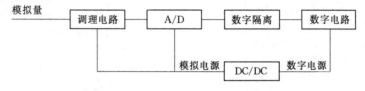

图2.14 单通道信号采集板卡电路框图

2.4.2　通信隔离

在户外柜内安装光电转换装置，主控室屏柜内安装光交换机，户外柜与主控室屏柜之间通过光纤连接，过电压波形通过光纤传送到主站系统，避免变电站内电磁辐射通过通信电缆对监测系统的干扰，如图 2.15 所示。

图 2.15　监测系统通信结构图

2.4.3　电源隔离和滤波

系统采用超级隔离变压器和电源滤波器来抑制来自电源的干扰。

隔离变压器是电源线抗干扰的一种常用措施，用以解决设备间的电气隔离，能够很好地解决电流环流在公共阻抗上产生的电压变化对敏感设备带来的干扰问题。

最简单的隔离变压器是一种在初级与次级之间不设屏蔽层、匝数为 1∶1 的变压器，主要用于解决输入与输出间的电气隔离，从而解决两者之间的共地问题。这种隔离变压器对共模干扰有一定的抑制作用，但效果一般。图 2.16 中给出了普通隔离变压器对共模干扰抑制作用的原理分析简图。

由于共模干扰是一种相对大地的干扰，所以它不会通过变压器来传递，而必须通过变压器绕组间的耦合电容来传递，普通隔离变压器的耦合电容可达几百至上千皮法，仅对低频的共模干扰有一定抑制作用，最多衰减不超过 40dB。

要使变压器获得良好的共模抑制性能，其关键是设法减小初、次级之间的耦合电容值。因此，在初、次级之间设立屏蔽层，影响绕组间的耦合电容，如图 2.17 所示，普通

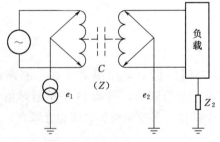

图 2.16　普通隔离变压器对共模
干扰抑制作用原理

C—绕组间的分布电容；Z—绕组间的耦合阻抗；
Z_2—负载对地的等效阻抗；e_1—初级
干扰（共模电压）；e_2—次级干扰
（共模电压），$e_2 = e_1 Z_2 / Z$

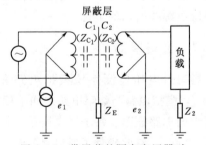

图 2.17　带屏蔽的隔离变压器对
共模干扰抑制作用原理

C_1—初级-屏蔽层的分布电容；C_2—次
级-屏蔽层的分布电容；Z_{C_1}—C_1 的
阻抗；Z_{C_2}—C_2 的阻抗；Z_E—屏蔽
层的接地阻抗；Z_2—负载的对地
阻抗；e_1—初级共模干扰电压；
e_2—次级共模干扰电压

隔离变压器初级与次级之间的分布电容被屏蔽层一分为二,这样变压器由初级传到次级的共模电压实际上要经过两次分压。要使共模衰减变大,只要变压器屏蔽层可靠接地,使接地阻抗变小,便能奏效。通常带屏蔽层的隔离变压器的共模衰减可达到60～80dB。如果将变压器的屏蔽层接到初级,那么对于频率较高的差模干扰也有抑制作用。

超级隔离变压器是比普通带屏蔽的隔离变压器性能更强的隔离变压器。

图2.18(a)为超级隔离变压器内部结构图,超级隔离变压器一般采用E形铁芯,铁芯的夹件和变压器的屏蔽外壳做成一体,直接用螺栓与铁芯紧固在一起,使变压器的整体结构紧凑。铁芯的材料采用在高频杂波分量作用下其磁导率会急剧下降的材料。为了减少初级绕组与次级绕组之间的分布电容,线圈的绕制是不能采用传统的初级与次级叠绕成交叉绕制的方法,而应当将初级与次级绕组分别绕制。初级线圈与次级线圈采用上下同芯式结构,初级线圈绕在铁芯的上半部分,次级线圈绕在铁芯的下半部分,套装在铁芯的中柱上。这样可以大大减小两个绕组间的分布电容,增加绕组间的漏感,使进入次级的共模干扰与差模干扰大幅减少。相比之下,在图2.18(b)中可以很清楚地看到变压器的线圈是采用同芯配置构造,即其次级侧的线圈绕在里面,在次级线圈的外面再绕初级线圈。从变压器的电磁转换的效率上来说,这是一个很好的电力转换变压器,但这种结构也非常容易将干扰从初级传导到次级去。

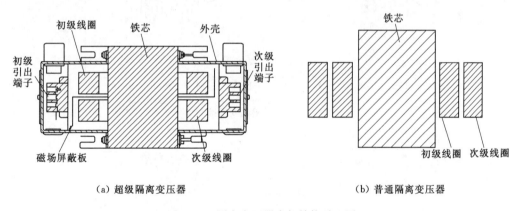

(a) 超级隔离变压器　　　　　　　　　　(b) 普通隔离变压器

图2.18　隔离变压器内部结构对比图

另外,在超级隔离变压器初级与次级线圈之间设计插进"磁场屏蔽板",专门用来隔离初级与次级线圈之间的泄漏电感,以防止泄漏电感将初级这一侧的干扰感应至次级这一侧。同时超级隔离变压器必须对初级和次级绕组的引出线进行严格屏蔽,引出线采用屏蔽线或双层屏蔽线,其屏蔽层与各自屏蔽盒焊接起来。引出线尽可能短,并从不同方向引出。

三种隔离变压器的基本性能见表2.1。三种隔离变压器的性能测试结果如图2.19所示。可以看出,超级隔离变压器从10kHz开始对差模干扰有衰减作用,在1MHz附近衰减量达到60dB左右,在这以后由于分布参数的作用,衰减曲线变得有点起伏不定。对于共模干扰的衰减几乎从直流开始即有极好的衰减特性,只是到了10MHz以后,由于分布参数的作用,衰减曲线开始有点起伏。由此可见,超级隔离变压器对于干扰确有良好的抑制作用,特别是对低频部分的衰减是普通电源线滤波器所不能比拟的。

表 2.1　　　　　　　　　　　　　三种隔离变压器的性能对比

变压器型式	作　用	性　　能						结　论
		共模干扰			差模干扰			
		高次谐波	低频段干扰	高频段干扰	高次谐波	低频段干扰	高频段干扰	
普通隔离变压器	初级与次级绕组间无直接联系	好	一般	差	差	差	差	对低频的共模干扰有抑制作用
带屏蔽层的隔离变压器	初级与次级绕组间无直接联系；初级与次级绕组间无静电耦合	好	好	一般	差	差	差	对低频与高频干扰中的较低频段干扰有抑制作用
超级隔离变压器	初级与次级绕组间无直接联系；初级与次级绕组间无静电耦合；初级与次级绕组间无高频的电磁感应	好	好	好	差	好	好	对从低频到高频段的所有共模干扰都有抑制作用；对高次谐波以外的所有差模干扰都有抑制作用

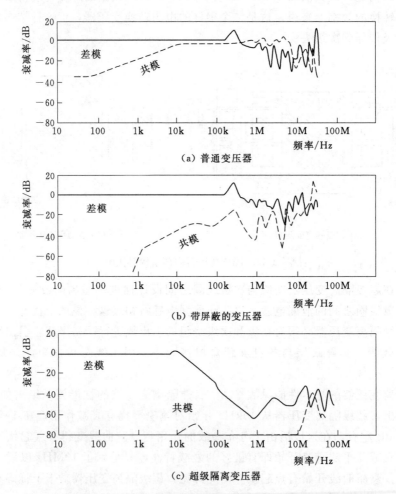

（a）普通变压器

（b）带屏蔽的变压器

（c）超级隔离变压器

图 2.19　三种隔离变压器的性能测试结果

综上所述，采用超级隔离变压器可抑制电源的干扰。采用单相500VA超级隔离变压器，其输入与输入屏蔽间绝缘强度、变压器输出与输出屏蔽间绝缘强度、变压器输入屏蔽与输出屏蔽间绝缘强度均可达到5000V。其技术指标如下：

（1）共模噪声衰减大于120dB。

（2）差模噪声衰减在1000Hz时不小于33dB，200kHz以上时不小于50dB。

（3）效率94%。

（4）尖峰抑制不小于33dB。

2.4.4 屏蔽和接地

为限制空间电磁波直接进入监测装置内部形成的电磁干扰，监测系统采用了如下多种屏蔽措施：

（1）过电压信号采集板卡的模拟电路部分前后均安装了屏蔽壳，如图2.20所示，屏蔽壳与模拟信号的地相连接。

（2）采集装置采用19英寸不锈钢屏蔽机箱。

（3）户外柜采用双层不锈钢柜体，柜体接地，内部安装接地排，与电缆沟内的接地网相连。

（4）信号电缆采用带屏蔽同轴电缆。

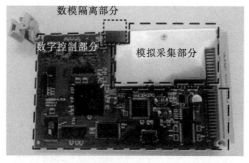

图2.20 加有屏蔽壳的过电压信号采集板卡

2.5 过电压监测装置的型式试验项目

过电压在线监测装置需依据《变电设备在线监测装置检验规范 第1部分：通用检验规范》（Q/GDW 540.1—2010）进行了检测项目，检测项目及指标如下。

1. 测量误差试验

对监测系统施加工频和250kHz的交流信号，改变信号幅值，监测系统的幅值测量误差为±1%。

2. 基本功能检验

（1）监测功能。实时监测信号端口的输入电压，可通过自动触发、手动触发的方式启动记录，将监测结果发送到主站计算机。

（2）数据记录功能。当信号输入端口的电压信号发生变化时，能够自动按照启动阈值启动记录；装置内配置非易失存储器，掉电数据不丢失。

（3）报警功能。对装置的异常状态发出报警信号，并能够远传。

3. 通信功能检验

监测装置能够响应主站召唤传送记录数据；能够通过通信网络读取和设置装置运行参数；断开装置的通信网络连接，能正确报信中断。

4. 绝缘性能

除了电源端口外，由于各模拟通道之间是互相隔离的，因此还要测量信号端口的绝缘性能，包括信号端对机壳、信号地对机壳、相邻通道信号地对信号地。

（1）绝缘电阻。用500V兆欧表测量，各端口绝缘电阻应不低于5MΩ。实测结果见表2.2。

表 2.2 监测装置绝缘电阻实测结果

试验回路	绝缘电阻/MΩ	试验回路	绝缘电阻/MΩ
电源对地	1800	信号地对机壳	167000
信号端对机壳	481000	相邻通道信号地对信号地	207000

（2）介质强度。对各端口施加2000V工频电压，持续时间60s，装置不发生击穿、闪络及元器件损坏现象。

（3）冲击电压。对各端口施加1.2/50μs冲击波形，电压幅值5000V，正负极性脉冲各3次，试验后装置无绝缘和元器件损坏。

5. 环境适应性能检验

试验等级选择−25℃/+55℃，满足国内大部分地区的运行环境，持续时间2h，试验期间和试验后监测装置基本功能及通信功能正常。

6. 电磁兼容性能检验

为了保证监测系统能够在特高压GIS变电站复杂的电磁环境中正常运行，根据《电磁兼容 试验和测量技术 抗扰度试验总论》（GB/T 17626—2006）系列标准，对监测系统做了8项电磁兼容性能检验，严酷等级均选择最高等级。

（1）静电。监测装置在正常运行状态下，对户外柜门把手、柜体等人手容易接触的部分进行静电放电试验，空气放电±15kV、10次，接触放电±8kV、10次，试验期间基本功能和通信功能正常，无死机和元器件损坏现象。

（2）电快速瞬变脉冲群。在变电站内，当切断感性负载、继电器触电弹跳时，会产生强烈的电快速瞬变脉冲群干扰，影响监测系统的运行，因此，可对监测装置施加电快速瞬变脉冲群干扰，检测监测装置在变电站内有同类干扰时是否能够正常工作。对电源端口施加电压峰值4kV，通信端口2kV，重复频率100kHz，持续时间60s。试验期间，监测装置监测功能、通信功能正常，无死机和元器件损坏现象。

（3）浪涌。为了模拟变电站发生雷电过电压时对监测装置电源端口的影响，对监测装置施加浪涌干扰，开路试验电压共模4kV，差模2kV，正负极性各5次，试验期间，监测装置监测功能、通信功能正常，无死机和元器件损坏现象。

（4）工频磁场。在变电站内，流经导体的电流会产生较强的工频磁场，实测1000kV晋东南、南阳、荆门变电站的最大工频磁场强度约为48A/m，因此采用工频磁场抗扰度试验测试监测装置在变电站内的强磁场环境下是否可靠运行，严酷等级为5级，磁场强度为100A/m，持续时间30s，试验期间，监测装置监测功能、通信功能正常，测量误差满足要求，无死机和元器件损坏现象。

（5）射频电磁场。用来模拟监测装置在变电站内受到射频电磁场干扰时能否正常运行，严酷等级为 3 级，试验电压 8V，频率范围 0.15~80MHz，验期间，监测装置监测功能、通信功能正常，测量误差满足要求，无死机和元器件损坏现象。

（6）脉冲磁场。在变电站内，由各种故障引起的起始暂态过程，断路器切合高压母线和高压线路都会产生脉冲磁场，影响监测系统的正常运行。因此采用脉冲磁场抗扰度试验来检测监测系统在变电站受到脉冲磁场干扰时是否仍能正常工作，严酷等级为 5 级，磁场强度 1000A/m，试验期间，监测装置监测功能、通信功能正常，测量误差满足要求，无死机和元器件损坏现象。

（7）阻尼振荡磁场。用来模拟监测系统在受到由于隔离开关切合高压母线时产生的阻尼振荡磁场干扰时是否能够正常运行。严酷等级为 5 级，磁场强度 100A/m，试验期间，监测装置监测功能、通信功能正常，测量误差满足要求，无死机和元器件损坏现象。

（8）电压暂降和短时中断。电网、电力设施的故障或负荷突然出现大的变化会引起设备供电电源的电压暂降、短时中断或电压变化。为了模拟这种现象，选择电压暂降 60%，持续时间 200ms，检测监测装置在供电电源短时降低的情况下是否能够正常工作。经过 3 次试验，监测装置在试验期间监测功能、通信功能正常，数据无丢失现象。

7. 机械性能检验

用来检测监测装置在运输过程中是否发生紧固件松动、机械损坏现象。对监测装置施加了《电气继电器 第 21 部分：量度继电器和保护装置的振动、冲击、碰撞和地震实验 第 1 篇：振动试验（正弦）》（GB/T 11287—2000）规定的严酷等级为 1 级的振动响应和振动耐久试验，试验结束后，装置未发生紧固件松动、机械损坏等现象，接通电源后，装置能够正常运行。监测装置型式试验项目见表 2.3。

表 2.3　　　　　　　　　　　　　　　监测装置型式试验项目

序号	检 测 项 目	项目内容/指标
1	低温试验	−25℃持续时间 2h
2	高温试验	＋55℃持续时间 2h
3	基本功能检验	（1）监测功能。 （2）数据记录功能。 （3）报警功能。 （4）自检功能
4	通信功能检验	（1）数据传输速率整定。 （2）数据传输功能检测
5	绝缘电阻试验	对地电阻不低于 5MΩ
6	介质强度试验	施加电压 2000V
7	冲击电压试验	施加电压 5000V 1.2μs
8	静电放电抗扰度试验	严酷等级 4 级
9	射频场感应的传导骚扰抗扰度试验	严酷等级 3 级
10	电快速瞬变脉冲群抗扰度试验	严酷等级 4 级
11	浪涌（冲击）抗扰度试验	严酷等级 4 级
12	工频磁场抗扰度试验	严酷等级 5 级

续表

序号	检 测 项 目	项目内容/指标
13	脉冲磁场抗扰度试验	严酷等级 5 级
14	阻尼振荡磁场抗扰度试验	严酷等级 5 级
15	电压暂降和短时中断抗扰度试验	电压暂降 $U=60\%U_T$
16	振动响应试验	严酷等级 1 级
17	振动耐久试验	严酷等级 1 级
18	结构和外观检查	合格
19	测量误差试验	小于 $\pm1\%$

2.6　本　章　小　结

本章介绍了过电压监测系统的整体框架及结构组成，综述了过电压传感器、信号调理系统及采集系统的研究现状，分析了对各单元的性能及参数要求、过电压分析系统的框架，同时对过电压监测系统的关键难点问题进行了阐述，对影响信号准确性的各种干扰进行了分析并介绍了抑制干扰的措施。针对现场运行的过电压监测系统，分析了监测系统的型式试验项目。

第3章 过电压实时数据压缩及宽频
分压测量装置设计

3.1 波形实时压缩的暂态过电压波形记录装置设计

针对以上问题，暂态过电压监测要求测试系统具有良好的频率响应特性和高采样速率，并能够长时间记录整个过程。目前，已有的各类过电压记录仪的数据储存空间十分有限，由于高采样速率和长记录时间之间的矛盾，无法满足过电压事故过程的电压波形完整记录的要求。高采样速率，则记录时间就短；低采样速率，则记录时间会加长，但会丢失快速脉冲波形（如雷电波）的最大峰值，造成事后分析问题时不准确甚至得出错误的结论。研制暂态电压波形采样速率自适应实时压缩技术，自动根据信号的频率调整存储数据的采样速率，既能准确捕捉快速波形，又能大大降低存储波形占用的空间；采样电压突变事件启动技术将过电压完成过程分割为多个片段存储，减少不必要区段的存储，同时可以快速找到发生过电压的位置。采用以上技术的暂态过电压记录装置的研制可采用DSP算法结合FPGA的硬件实现。该装置既能采得快，准确捕捉快速波形（针对雷电过电压），又能记得长（针对谐振过电压和工频过电压），用少量的存储空间即可存储长时间的波形，很好地解决高采样速率和长记录时间之间的矛盾。

高速暂态过电压在线监测装置由3个独立的相互隔离的采样通道模块和1个传输模块组成，这样的设计在保证通道之间相互隔离的前提下提高了装置单次的采样效率，使得对于多通道间信号对比的目标得以实现。每个采样模块配有高速DSP和2GB大容量非易失静态内存，独特的硬件实时压缩技术，达到20MHz的数据处理速度。传输模块配有USB和TCP/IP两种通信模式。暂态过电压在线监测装置内部结构如图3.1所示。

DSP采用TI公司的TMS320C6713，这是一款高性能的32位浮点DSP，主频最高可达300M，主要特点如下：

（1）体系结构采用超长指令字（VLIW）结构，最大处理能力可以达到2400MIPS。

（2）采用二级缓冲处理，4kB直接匹配的程序缓冲L1P，4kB可匹配的数据缓冲L1，256kB L2 额外匹配内存。32位外部存储器接口，可无缝连接 SRAM、EPROM、FLASH、SBSRAM 和 SDRAM。扩展了32MB的动态存取器和2GB的FLASH存取器。

（3）丰富的外设，包括DMA、EDMA、支持无需CPU参与可以在允许的地址空间里传送数据、扩展总线，具有主机口和I/O端口操作等功能，多通道缓冲串口，其通过配置能和多种串行通信接口通信，两个32位通用定时器等。

要想完整记录电网电压扰动，既要求有高的采样速率，以满足记录雷电波形等的需

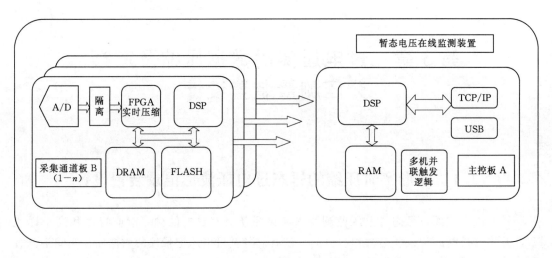

图 3.1　暂态过电压在线监测装置内部结构

要；又要求长的记录时间，以满足记录持续时间较长的事故过程。当采用较高的采样速率时，为了节省存储空间，通常会采用一些压缩算法。在以往的暂态电压记录中，通常采用 DSP 直接读取高速 A/D 的数据并作实时压缩、存储以及触发判断等，CPU 处于连续取数、压缩、处理的过程中，占用 CPU 大量时间，导致 CPU 没有时间去做其他工作，从而不得不降低采样速率。随着现场可编程门阵列 FPGA 的迅速发展，采用 FPGA 实现数据压缩、处理成为一种新的手段。由于 FPGA 内部有一定数量的触发器、比较器和较大容量的存储器，为实现数据采集、压缩、判断提供了可能。

　　装置采用 FPGA 实现对高速采样的波形的实时压缩、峰值计算和触发判断。FPGA 编程中采用了流水线架构对数据进行实时压缩，采用并行的运算方式，在大量数据运算的过程中显示出 FPGA 数据处理和运算的优越性，一个采样时钟周期内即可完成数据的采集、压缩、存储、峰值计算及触发判断，其内部结构如图 3.2 所示。

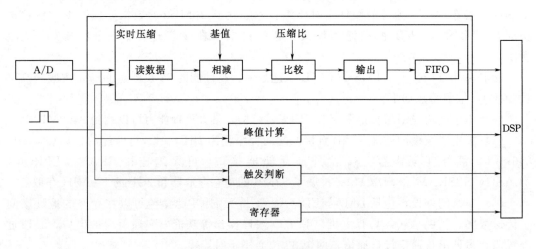

图 3.2　FPGA 内部结构框图

3.2　实时波形压缩技术与波形断面启动技术

常见的暂态过电压是稳态波形上叠加一个或多个暂态过程，雷电冲击、操作冲击及输变电设备绝缘单次或重复闪络引起的过电压都属于此类。图 3.3 是一个典型的操作过电压波形，可以看到，整个波形包括变化缓慢的稳态部分和等值频率较高的暂态部分。记录操作过电压需要较高的采样速率，但操作过电压只占很短时间，对于占绝大部分时间的稳态电压，传统的高速采样和存储方式不仅浪费了宝贵的存储空间，也无谓地增加了后期数据处理工作量。对于慢速变化的稳态部分，高速采样的许多点可略去不计，仅对等值频率高的暂态部分才把高速采样的全部数据记录下来，这样就满足了既节省存储空间、又可准确记录波形的双重要求。

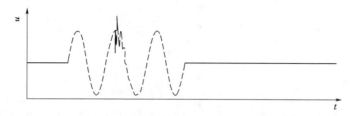

图 3.3　信号发生器产生的操作过电压典型波形

谐振过电压也是比较常见的暂态过电压，图 3.4 为一段典型的谐振过电压波形。这段波形共有 7 个周期，这 7 个周期在波形和幅值上都相似，在工程上可以认为是相同的，如果只记录第一个波形，并记录之后相同波形的重复次数，直至遇到不相同波形为止，就会显著减少存储空间和后期数据处理工作量。对于图 3.4 所示波形，这样处理大致可以节省 85% 的存储空间。在工程实践中，这种波形类似、持续时间相对较长的暂态过电压是常见的，除谐振过电压外，还有工频过电压，都适合采用波形压缩的记录方式。

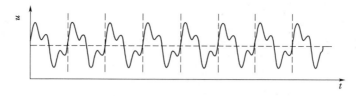

图 3.4　典型谐振过电压波形

前面分析了波形压缩存储的思路，但在实际中，采样及记录在并行操作，此时，记录系统并不能识别波形等值频率的高低。为了实现波形数据的压缩存储，提出一个"相似点"的概念，所谓相似点，就是幅值上十分近似，在工程上可以认为相等的点。所有相似点，在存储时只保留 1 个，其他均被略去，以达到压缩存储的目的。两个点相似的条件可以表示为

$$|U_0 - U_2| \leqslant U_m x \qquad (3-1)$$

$$|U_0 - U_2| \leqslant U_0 y \tag{3-2}$$

式（3-1）所表达的压缩策略相当于等幅差存储，即各相邻存储点的幅值差是相等的，一个幅差之内的其他采样点全被忽略，这一压缩策略适宜于工程许可的绝对误差已知的情况。式（3-2）所表达的压缩策略不需要知道稳态电压的幅值，压缩率也稍低，但波形失真度也小，是首推的波形压缩存储技术。

式（3-2）所示的点压缩存储方式不仅适宜于电力系统暂态电压的记录，对于其他等值频率随时间有较大变化的任意波形都适用，且有很好的压缩效果。如图3.5所示，点压缩存储的本质就是高速采样、变速存储，既能准确记录快速变化的波形片段，又能在波形相对缓慢变化时大量节约存储空间，显著减少后期数据处理任务。

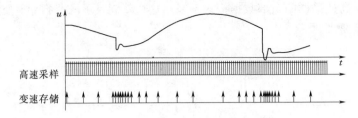

图3.5　点压缩存储示意图

暂态过电压监测需监测外部和内部过电压这两种频率差异较大的电信号，须克服以下困难：①外部过电压波前陡度大，数据采集系统须有较高的采样频率；②内部过电压频率相对较低、持续时间长，数据采集必须能够存储长时间的数据。

暂态过电压采集系统采用高速数据采集（20Mbit/s）、自适应变速率数据存储，可实现对不同频率信号采样数据在保存波形特征的情况下以最小的存储容量存储，即波形中针对雷电波的数据以高采样速率存储，对工频信号以较低的采样速率存储，存储的采样频率根据波形的变化快慢实时进行可变调整，如图3.6所示。

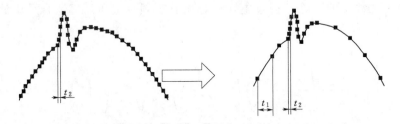

图3.6　暂态电压波形高速采样、自适应采样速率压缩存储原理示意图

自动变速率压缩技术最高采样速率20MHz，能够准确捕捉快速脉冲（1.2/50μs）；同时兼顾低频信号的采集（采用低采样速率）；实时波形压缩技术对于50Hz波形，压缩率大于98%，大大减少对存储空间的占用。压缩前后波形对比如图3.7所示，无损失捕捉雷电波如图3.8所示。

点压缩存储已有很好的压缩效果，但对于间歇性弧光接地过电压、谐振过电压等情形，单独应用点压缩存储仍然不能满足要求，在此情况下，点压缩存储结合片段压缩存储，可以取得很好的实用效果。

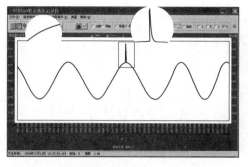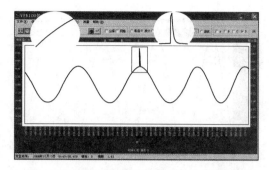

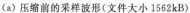

（a）压缩前的采样波形（文件大小 1562kB）　　　（b）压缩后的采样波形（文件大小 1.37kB）

图 3.7　压缩前后波形对比

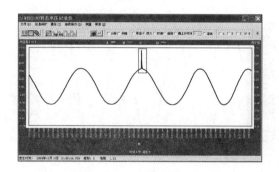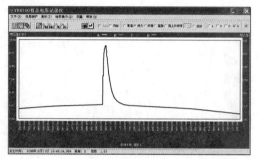

图 3.8　无损失捕捉雷电波

3.3　波形实时压缩性能测试

在过电压监测装置暂态电压记录装置输入电压为工频、工频叠加振荡、工频叠加冲击的情况下，测试其压缩性能。

用任意波形发生器和功率放大器产生工频、工频叠加振荡、工频叠加冲击的波形，测试接线如图 3.9 所示。

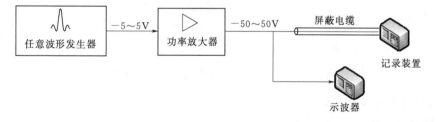

图 3.9　监测装置性能测试电路图

测试时，参数设置为：采样率 20MHz，采样长度 80ms，采用手动触发的方式。

1. 工频波形输入

测试结果如图 3.10～图 3.12 所示。

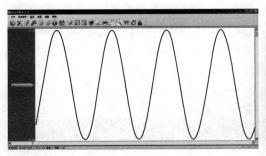 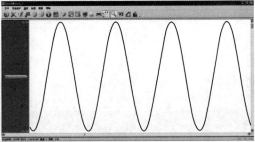

（a）无压缩　　　　　　　　　　　　　　　　（b）低压缩率

图 3.10　无压缩和低压缩率时记录的波形

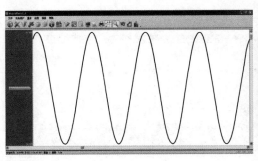 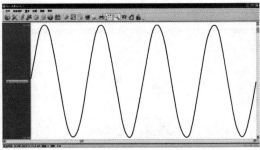

（a）中压缩率　　　　　　　　　　　　　　　　（b）高压缩率

图 3.11　中压缩率和高压缩率时记录的波形

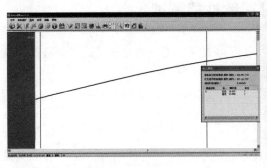 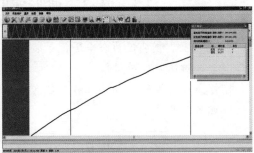

（a）无压缩　　　　　　　　　　　　　　　　（b）高压缩率

图 3.12　无压缩与高压缩率局部放大效果对比

2. 工频叠加振荡波形输入

测试结果如图 3.13～图 3.16 所示。

3. 工频叠加冲击波形输入

测试结果如图 3.17～图 3.20 所示。

4. 同输入波形下的压缩比与测试误差对比

压缩性能测试数据表见表 3.1。

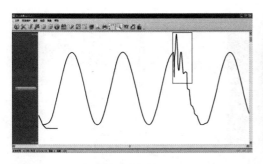
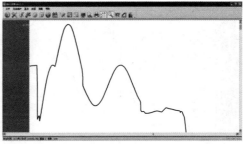

（a）波形　　　　　　　　　　　　　　　　（b）振荡部分

图 3.13　无压缩时记录的波形及振荡部分的放大图

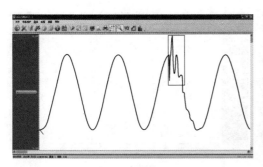
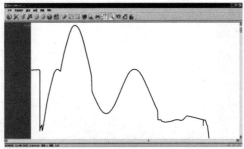

（a）波形　　　　　　　　　　　　　　　　（b）振荡部分

图 3.14　低压缩率时记录的波形及振荡部分的放大图

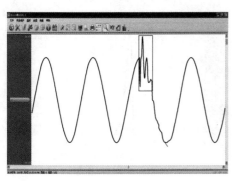
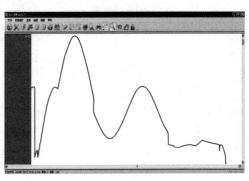

（a）波形　　　　　　　　　　　　　　　　（b）振荡部分

图 3.15　中压缩率时记录的波形及振荡部分的放大图

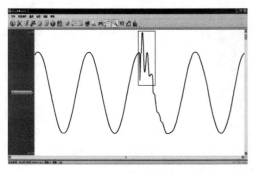
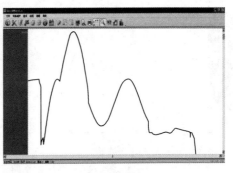

（a）波形　　　　　　　　　　　　　　　　（b）振荡部分

图 3.16　高压缩率时记录的波形及振荡部分的放大图

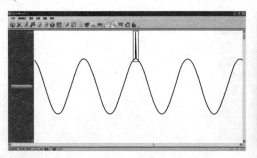
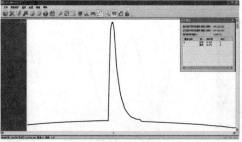

（a）波形　　　　　　　　　　　　　　　　（b）冲击局部放大图

图 3.17　无压缩时记录的波形及冲击局部放大图

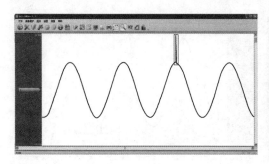
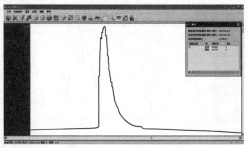

（a）波形　　　　　　　　　　　　　　　　（b）冲击局部放大图

图 3.18　低压缩率时记录的波形及冲击局部放大图

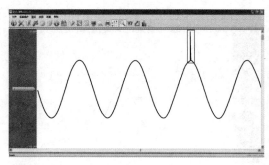
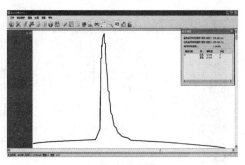

（a）波形　　　　　　　　　　　　　　　　（b）冲击局部放大图

图 3.19　中压缩率时记录的波形及冲击局部放大图

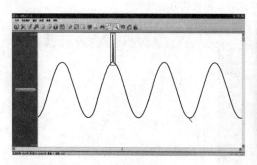
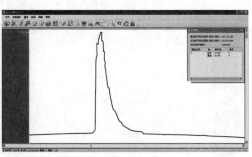

（a）波形　　　　　　　　　　　　　　　　（b）冲击局部放大图

图 3.20　高压缩率时记录的波形及冲击局部放大图

表 3.1   压缩性能测试数据表

输入电压	压缩模式	记录长度/byte	压缩率/%	幅值/V	幅值误差/%
工频	无压缩	3200000	—	38.58	—
	低压缩率	16392	0.51	38.44	−0.52
	中压缩率	8090	0.25	38.47	−0.44
	高压缩率	3888	0.12	38.44	−0.52
工频叠加振荡	无压缩	3200000	—	34.67	—
	低压缩率	16928	0.529	34.49	−0.52
	中压缩率	9878	0.31	34.47	−0.58
	高压缩率	6592	0.206	34.47	−0.58
工频叠加冲击	无压缩	3200000	—	32.00	—
	低压缩率	10045	0.31	32.03	0.09
	中压缩率	6930	0.22	32.03	0.09
	高压缩率	5200	0.16	32.06	0.19

由此可见，过电压监测装置暂态电压记录装置采用波形实时压缩算法，压缩率小于 0.55%，压缩前后幅值误差不超过 1%，从放大图可以看出，过电压监测装置能够不失真地捕捉并记录从工频、操作过电压（慢波前过电压）到冲击过电压（快波前过电压）波形。

3.4 启 动 功 能 测 试

对过电压监测装置暂态电压记录装置的启动功能进行测试。输入频率 50Hz、幅值为 20V 的电压信号，采样率 20MHz，中压缩率，预采样 40ms 启动后记录 40ms。

1. 手动启动功能测试

输入电压信号无变化，采用手动启动的方式，过电压监测装置启动记录，如图 3.21 所示。

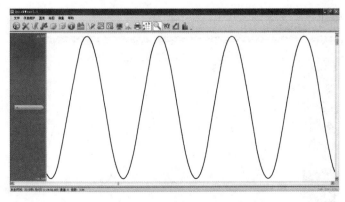

图 3.21 手动启动记录波形

2. 电压突变启动功能测试

启动阈值设为 20%，即输入电压幅值变化 20% 时，过电压监测装置自动启动记录。

给过电压监测装置施加频率 50Hz、幅值为 20V 的电压信号，稳定后，电压突变到 25V，读取过电压监测装置记录的波形，如图 3.22 所示。

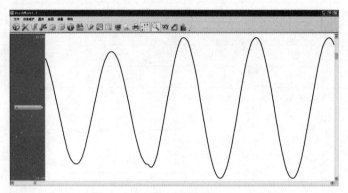

图 3.22　电压升高突变自动启动记录波形

给过电压监测装置施加频率 50Hz、幅值为 20V 的电压信号，稳定后，电压突变到 15V，读取过电压监测装置记录的波形，如图 3.23 所示。

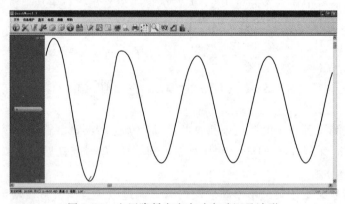

图 3.23　电压降低突变自动启动记录波形

模拟操作过电压时记录的波形如图 3.24 所示。

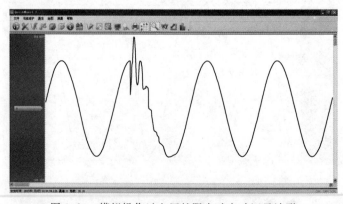

图 3.24　模拟操作过电压越限自动启动记录波形

3. 连续启动功能测试

给过电压监测装置施加频率 50Hz、幅值约 20V 的电压信号，预采样时间 40ms，启动后记录 200ms，对信号源进行连续多次开关，测试过电压监测装置的连续启动性能。

关闭信号源的输出，持续 200ms 以上的时间后再接通，过电压监测装置记录两个波形片段，即输入电压达到稳态后 200ms 停止记录，波形如图 3.25 所示。

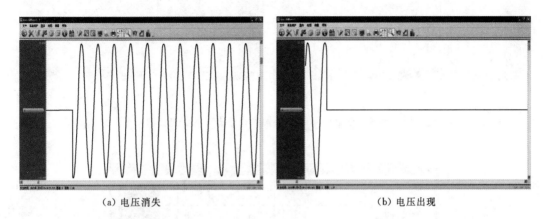

(a) 电压消失　　　　　　　　　　　　　　　(b) 电压出现

图 3.25　电压消失、电压出现自动启动记录波形

对信号源的输出进行多次快速通断，间隔时间小于 200ms，过电压监测装置连续启动记录，记录的波形如图 3.26 所示。

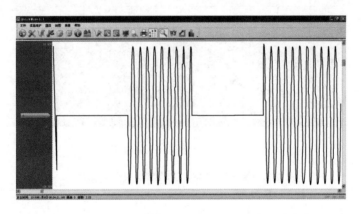

图 3.26　连续 2 次启动自动延长记录时间记录波形

可见，在电压发生连续变化时，即连续发生过电压时，过电压监测装置能够连续启动记录，准确记录每一次过电压波形。

（1）冲击电压试验记录测试如下，在高压试压厅的避雷器 2ms 方波冲击电流试验中，过电压监测装置的通道 B、C 分别采集冲击电流和电压信号，过电压监测装置和示波器记录的波形如图 3.27 所示。

示波器记录的波形如图 3.28 所示。

过电压监测装置与示波器测试误差对比表见表 3.2。

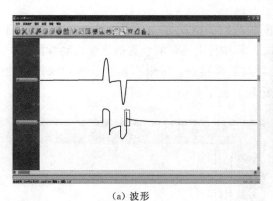

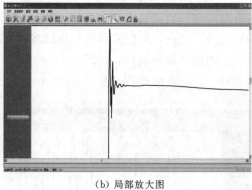

（a）波形　　　　　　　　　　　　　　　　（b）局部放大图

图 3.27　过电压监测装置暂态电压记录装置采集冲击电压、电流波形及局部放大图

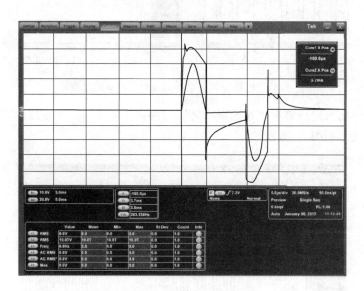

图 3.28　示波器记录的波形

表 3.2　　　　　　　　　　　　过电压监测装置与示波器测试误差对比表

项　目	电流幅值/A	电压幅值/kV
过电压监测装置	63.26	39.97
示波器	63.75	39.89
误差	0.7%	0.2%

（2）雷电冲击试验、过电压监测装置和示波器记录的波形。

上升沿 $8\mu s$ 冲击电压记录测试如图 3.29 所示。

上升沿 $1.2\mu s$ 冲击电压记录测试如图 3.30 所示。

过电压监测装置与示波器测试误差对比见表 3.3。

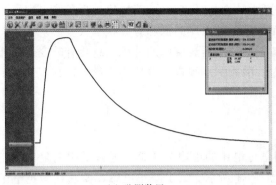 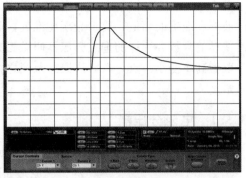

（a）监测装置　　　　　　　　　　　　　（b）示波器

图 3.29　上升沿 8μs 冲击电压过电压监测装置和示波器记录波形

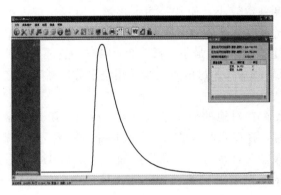 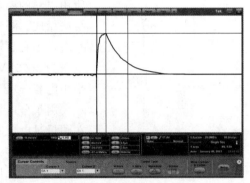

（a）监测装置　　　　　　　　　　　　　（b）示波器

图 3.30　上升沿 1.2μs 冲击电压过电压监测装置和示波器记录波形

表 3.3　　　　　　　　　　　　过电压监测装置与示波器测试误差对比

项目	上升沿/μs	幅值/kV	上升沿/μs	幅值/kV
过电压监测装置	8.1	34.81	1.18	34.77
示波器	8.1	35.14	1.2	34.96
误差	0	0.8%	0.02	0.54%

3.5　暂态过电压的分压方式

在过电压在线监测系统中，输入到后台监测装置的电压通常为几十伏，而过电压波的幅值却可高达几百千伏，因此在过电压波与后台监控装置之间需要有一个中间降压环节，即分压器。

分压器的设计是整个过电压在线监测系统最重要的环节之一，它将电网高电压不失真地降低到后台监测装置的输入电压范围，通过同轴电缆进行连接。考虑到电缆的供输环节会带来干扰，为此输入电缆的电压也不宜过低，以便获得较高的信噪比。为了能得到真实的波形和准确的幅值，要求分压比准确，而且是不随电压高低和等效频率（波形）等因素而变动的常数。这样的理想分压器叫做无畸变的分压器。实际的分压器总会有畸变，只能争取做到畸变小一点，在容许误差范围之内。国家标准规定，分压比应稳定，其容许的不确定度为 ±1%。

3.5.1　电阻分压器

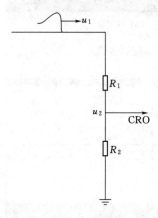

图 3.31　电阻分压器原理图

分压器高压臂为 R_1，低压臂为 R_2。测量过电压的电阻分压器，通常是用电阻丝绕制的，其原理如图 3.31 所示。为了减小电感，要求在满足电阻值及温升不过高的前提下丝线尽可能短，要求所用材料是非磁性的，切电阻率较大。为了避免阻值随温度而变动，要求所用材料的温度系数较小，通常是用卡玛丝、康铜丝按无感绕法做成。测量雷电过电压的电阻分压器的阻值一般为 $10^4\Omega$ 左右，不宜超过 $2\times10^4\Omega$，最小不低于 2000Ω。一般最高测量电压为 $2000kV$。测量操作过电压很少采用电阻分压器，更宜采用电容分压。

由于分压器存在对地的分布杂散电容，所以电阻分压器在测量过电压时，存在峰值测量误差和波形滞后的测量误差。在研究分压器误差时，常考虑在高压端输入一阶跃波，然后计算或测量低压臂两端的输出波，此输出波成为阶跃响应。

从理论计算可得

$$u_2(t)=\left(\frac{u_0}{k}\right)(1-2e^{-\frac{4t}{\tau}}+2e^{-\frac{9t}{\tau}}-\cdots)\qquad(3-3)$$

其中

$$\tau=\frac{RC_e}{\pi^2}$$

$$k=\frac{R_1+R_2}{R_2}$$

式中　k——稳态分压比；

C_e——分压器对地杂散电容总值。

若令 U_0/k 为 1，则此时的响应称为归一化阶跃响应。

$$g(t)=1-2(e^{-\frac{t}{\tau}}-e^{-\frac{4t}{\tau}}+e^{-\frac{9t}{\tau}}-\cdots)\qquad(3-4)$$

即

$$g(t)=1+2\sum_{n=1}^{n\rightarrow\infty}(-1)^ne^{-\frac{n^2t}{\tau}}\qquad(3-5)$$

用 $g(t)$ 的形状可以反映分压器传递性能的好坏。

从理论上讲，系统的电压传递函数 $H(s)$ 即为 $sG(s)$。知道 $g(t)$ 后，可通过杜阿美（Duhamel's）积分获得不同 $u_1(t)$ 下的 $u_2(t)$。

为简单起见，IEC60-2 新标准提出了多种反映响应特性的技术指标。对于非震荡性质的 R-C 响应波，可以用阶跃响应时间 T 这一特性指标来判断分压器的优劣。IEC60-2 规定的实验阶跃响应时间的定义为

$$T_N = \int_{O_1}^{T_{max}} [1-g(t)]\mathrm{d}t \tag{3-6}$$

式中　O_1——$g(t)$ 的视在零点，是 $g(t)$ 波前最陡点所做正切直线与时间横轴线之间的交点；

T_{max}——记录某一波形所考虑的时间上限值。

为了简化起见，在此姑且认为 $T_N \approx T$。

$$T = \int_0^\infty [1-g(t)]\mathrm{d}t = \frac{2RC_e}{\pi^2} \sum_{n=1}^\infty \frac{(-1)^{n+1}}{n^2}$$

$$= \frac{2Rc_g}{\pi^2} \frac{\pi^2}{12} = \frac{RC_e}{6} \tag{3-7}$$

为了补偿分压器的对地电容 C_e'，在分压器的高压端安装一个圆伞形屏蔽环，如图 3.32 所示，然而由于此屏蔽环的存在，也增加了高压端对地电容 C_e''，它会与高压引线的电感形成振荡。即使在导线首端加上阻尼电阻，振荡仍难以避免。此时测量系统的阶跃响应 $g(t)$ 常如图 3.33 所示。这类阶跃响应叫做振荡型阶跃响应。实际的冲击分压器系统的阶跃响应大多为此类相应。IEC60-2 规定，采用阶跃响应振荡所形成的过冲 β 和部分响应时间 T_a 作为判断分压器性能的重要指标。T_a 是响应波形首次到达幅值前的前沿部分与单位幅值线之间的面积，从视在零点 O_1 起算。O_1 是用波形前沿最陡的 p 点作切线与时间坐标轴相交的交点，即

$$T_a = \int_{O_1}^{t_1} [1-g(t)]\mathrm{d}(t) \tag{3-8}$$

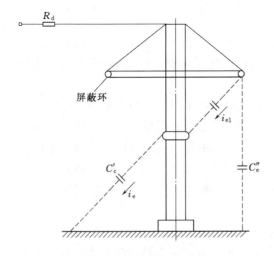

图 3.32　带屏蔽环的电阻分压器

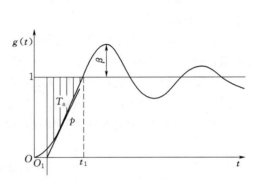

图 3.33　振荡型阶跃响应

一般而言，在希望限制一定值的 β 条件下，T_a 要尽可能做得小些。此时实验阶跃响应时间 T_N 已不是主要的特性指标，仅仅是一个参考指标。

改善分压器性能的另一种做法是缩小电阻体的尺寸。为此需把分压器放在耐电强度高的介质中，例如浸在变压器油中，同时置电阻体下端离地高约 2m 之处，这样可减小对地的杂散电容。采用这种措施的分压器，当用作雷电测量时额定电压可达 2000kV。

3.5.2　电容分压器

由于电阻分压器不仅有幅值误差，还有相位误差，并且还有发热的麻烦，对于长期并联在电网中运行肯定是不适合的。

电容分压器有分布式电容分压器和集中式电容分压器。分布式电容分压器的高压臂是由多个高压电容器叠装组成，这种电容器多为绝缘壳式油纸绝缘的脉冲电容器。要求它们自电感比较小，能够经受短路放电。另外，这种脉冲电容器在内部是由多个元件串并联组装起来的，每个元件不仅有电容，且有串联的固有电感和接触电阻，还有并联的绝缘电阻，及每个元件的对地杂散电容，所以这种分压器应当作分布参数看。集中式电容分压器的高压臂仅一个电容，是一个集中电容（常为接近均匀电场中的一对金属电极，其电极间以空气或压缩气体或其他绝缘介质作绝缘）。由于测量电缆的缘故，电容分压器的低压臂要注意端部匹配，如图 3.34 所示。

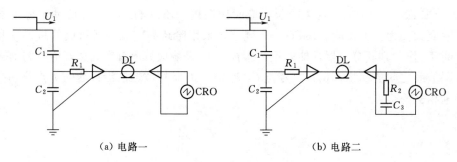

图 3.34　实用匹配电路图

特别注意的是，对电容分压器，低压臂的内电感必须很小，连线电感尽可能小，一般可按同轴对称鼠笼式排列以减小电感，否则低压臂会发生振荡。所以低压臂的制作是十分重要的，对电阻分压器也一样。

然而纯电容分压器尽管没有发热的麻烦，而且只有幅值误差，但是电容分压器本身带有电感，难免会产生高频振荡，因此宜采用低阻尼阻容串联分压器。它是一种通用的分压器，其串联的阻尼电阻很小，可以兼做负荷电容用，它的接入不会使试验回路产生标准波发生困难，用于测量雷电波、被截断的雷电波、操作波以及交流电压。它与高阻尼分压器相比，使用比较方便而且响应时间较快，但是从响应特性来看，它不如高阻尼分压器，因为它还略带振荡。

低阻尼串联电容分压器，在其高压臂中串联阻尼电阻，分压器的高压臂电容组件采用纯电容组件，要求它的介质损耗和电感小，采用分布式电容分压器，高压臂由多个脉冲电容器组件串联组装而成，常用的组件有油纸电容器、聚苯乙烯电容器、陶瓷电容器等。分

压器的低压臂电容 C_1 应由高稳定度、低损耗、低电感的电容器组成。C_2 通常用云母、空气或聚苯乙烯介质的电容器组成。为减小电感的影响，可由多个电容器同轴并联而成。分压器的结构采用两级结构，高压臂采用电容量很低的聚苯乙烯电容器，低压臂采用多个电容器并联同轴并联而成，并用金属圆盘屏蔽，同时在高压臂末端串联一个 100Ω 左右的阻尼电阻，高压臂末端通过螺纹和低压臂相连，并用一些绝缘涂料与外壳绝缘，高压臂外壳采用硅橡胶绝缘，在工频 50kV 下不击穿、不闪络、不发热。分压器结构如图 3.35 所示。C_1 和 C_2 分别是高低压电容，R_1 是阻尼电阻，R_2 是匹配电阻 50Ω，二次电压通过电缆接头 j 引出，保护间隙 g 用来保护二次设备和人身的安全。

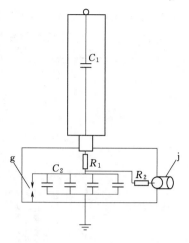

图 3.35　分压器结构原理图

3.6　电容暂态过电压分压取样系统的设计

3.6.1　变电站中暂态过电压分压取样方式研究

在变电站中，由于没有专用的暂态过电压分压取样设备，需要利用现有的设备组成分压取样系统，有以下几种方式。

1. 电磁式电压互感器二次侧测量方式

电磁式电压互感器二次侧测量方式如图 3.36 所示。

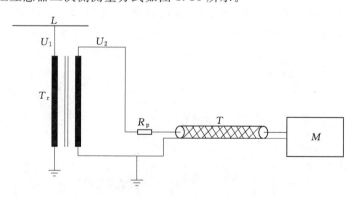

图 3.36　电磁式电压互感器二次侧测量方式

此方法利用电磁式电压互感器的二次保护绕组进行测量，由于其响应频带较窄，仅适合于对工频及缓波前暂态组合过电压的测量。分压比为

$$K_D = K_n$$

式中　K_n——电磁式电压互感器变比。

为避免对保护装置造成干扰，匹配方式仅建议采用源端串联匹配。

2. 电容式电压互感器二次侧测量方式

电容式电压互感器二次侧测量方式如图 3.37 所示。

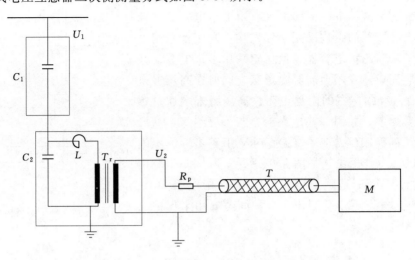

图 3.37　电容式电压互感器二次侧测量方式

此方法利用电磁式电压互感器的二次保护绕组进行测量，由于其响应频带较窄，且对 3 次、5 次等谐波会有放大效应，低频的测量结果仅有参考作用，仅适合于对工频及缓波前暂态组合过电压的测量。分压比为

$$K_D = K_n$$

式中　K_n——电容式电压互感器变比。

为避免对保护装置造成干扰，匹配方式仅建议采用源端串联匹配。

3. 电容式电压互感器一次侧串联电容测量方式

电容式电压互感器一次侧串联电容测量方式如图 3.38 所示。

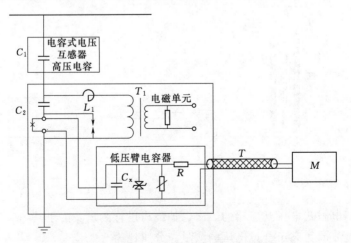

图 3.38　电容式电压互感器一次侧串联电容测量方式

将电容式电压互感器一次侧电容的试验端解开，串入电容 C_x，与高压电容 C_1、C_2 构成电容分压器，则分压比（比例系数）为

$$K_D = \left(\frac{1}{C_x}\right) \Big/ \left(\frac{1}{C_x} + \frac{1}{C_1} + \frac{1}{C_2}\right)$$

测量范围应满足对暂态过电压范围的要求，匹配方式采用源端串联匹配。

4. 容性设备电容分压取样测量方式

容性设备电容分压取样测量方式如图 3.39 所示。

将具有末屏结构的电流互感器、高压套管的试验端解开，串入电容 C_x，与高压电容 C_1、C_2 构成电容分压器，则分压比（比例系数）为

$$K_D = \left(\frac{1}{C_x}\right) \Big/ \left(\frac{1}{C_x} + \frac{1}{C_1}\right)$$

测量范围应满足对暂态过电压范围的要求，匹配方式采用源端串联匹配。

对比以上几种方式，通过铁芯传递电压的取样方式，会对电压中的高频分量产生较大的衰减，造成雷电过电压记录的较大误差。因此采用 3、4 的方法构成电容分压器，具有良好的宽频带响应。

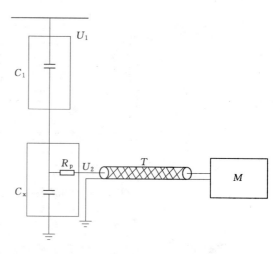

图 3.39　容性设备电容分压取样测量方式

3.6.2　电容暂态过电压分压取样系统的设计

低压臂电容分压器的总体设计思路是降低测量回路总体的电感量，以达到准确测量的目的。

为了降低电容组的电感量，选用多个无感小电容并联组成大电容的方式，以期用电感并联的方式降低电容组的电感量。

在测量回路接线的设计中选用带屏蔽层的双芯导线，由于两条导线内部的电流走向相反且位置平行，可以最大限度地抵消接线回路中的电感。

分压器内部采用二级分压方式，由多个电容串并联组成，为了防止波在同轴电缆传输过程中发生波反射，加入了一个 75Ω 的匹配电阻。保护部分的计算依据《互感器　第 5 部分：电容式电压互感器的补充技术要求》（GB/T 20840.5—2013）、《交流电气装置的过电压保护和绝缘配合》（DL/T 620—1997）、《交流无间隙金属氧化物避雷器》（GB 11032—2010）的相关部分取值。

3.6.2.1　电容式电压互感器分压器设计

对于 110kV 及以上电压等级系统，采用在容性设备的电容屏末屏上接入低压臂电容器、利用电容式电压互感器组成电容分压器的方式构成电压取样单元，如图 3.40 所示。

电容式电压互感器分压器设计以贵阳龙里变电站 1514 测点 B 相为例，已知电容式电压互感器总电容 $C_m = 20266pF$，工作相电压峰值为：$110kV/1.732 \times 1.414 \approx 90kV$；分压电容器采用两级分压方式，一次分压将电压降到 80V 以下，二次分压将电压降到约 40V 以下。原理图如图 3.41 所示。

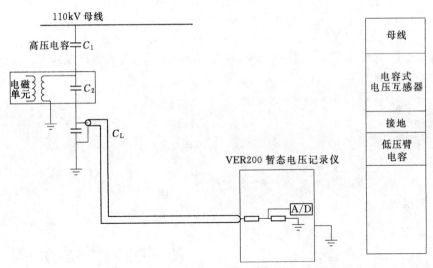

图 3.40 110kV 及以上电压等级系统取样图

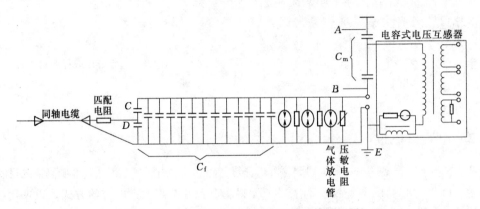

图 3.41 电容式电压互感器分压器系统原理图

计算公式为

$$\frac{U_{AE}}{U_{CE}} = \frac{C_f}{C_m} \tag{3-9}$$

即

$$\frac{90kV}{80V} = \frac{C_f}{20666pf}$$

得 $C_f = 23.23\mu F$，为了便于电容选取设计，将 C_f 设计为 $25\mu F$，即 C_f 由 14 个 $2\mu F$ 电容串并联组合而成。由于进入监测设备中的电压不能过高（宜为 40V 以下），即其中二次分压部分由 $2\mu F$ 电容两端引出，如图 3.42 所示。计算过程为

$$\frac{U_{DE}}{U_{CE}} = \frac{40}{80} = \frac{2\mu F}{2\mu F + 2\mu F}$$

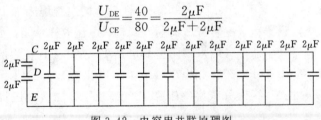

图 3.42 电容串并联原理图

龙里 2514 测点、2524 测点、1514 测点、1524 测点和龙山 1514 测点的分压器电容为 14 个 $2\mu F$ 无感吸收电容。

3.6.2.2 电流互感器分压器设计

利用电流互感器末屏组成电容分压器的方式构成电压取样单元，如图 3.43 所示。

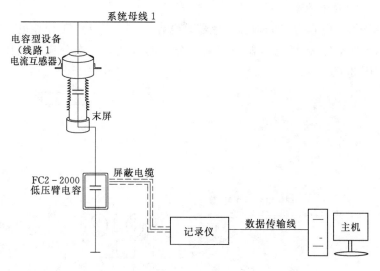

图 3.43 电流互感器构成的分压器原理

1. 龙里 203 电流互感器分压器设计

已知：电流互感器总电容 $C_m = 780pF$，工作相电压峰值 $220kV/1.732 \times 1.414 \approx 180kV$；分压电容器采用一级分压的方式，一次分压将电压降到 40V 以下，原理图如图 3.44 所示。

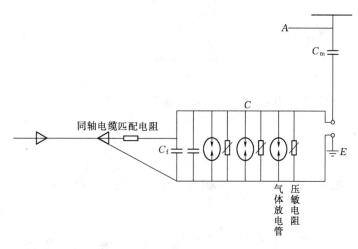

图 3.44 电流互感器分压器系统原理图

计算过程为

$$\frac{U_{AE}}{U_{CE}} = \frac{C_f}{C_m}$$

$$\frac{180\text{kV}}{40\text{V}} = \frac{C_f}{780\text{pF}}$$

所以 $C_f = 3.51\mu\text{F}$，为了便于电容选取设计，将 C_f 设计为 $4\mu\text{F}$，即 C_f 由 2 个 $2\mu\text{F}$ 电容并联组合而成。

2. 龙山 102 电流互感器分压器设计

已知：分压器总电容为 C_f，电流互感器总电容 $C_m = 336\text{pF}$，工作相电压峰值 110kV/$1.732 \times 1.414 \approx 90$kV；分压电容器采用一级分压的方式，一次分压将电压降到 40V 以下，原理图如图 3.45 所示。

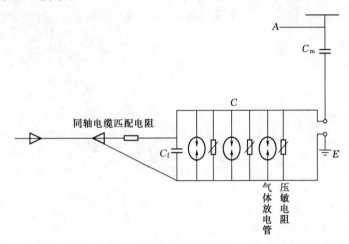

图 3.45　电流互感器分压器系统原理图

计算过程为

$$\frac{U_{AE}}{U_{CE}} = \frac{C_f}{C_m}$$

$$\frac{90\text{kV}}{40\text{V}} = \frac{C_f}{336\text{pF}}$$

所以 $C_f = 0.756\mu\text{F}$，为了便于电容选取设计，将 C_f 设计为 $1\mu\text{F}$。

龙山 102 测点的分压器电容为 1 个 $1\mu\text{F}$ 无感吸收电容。

3.6.3　电容选择计算

3.6.3.1　额定电压

设 U_N 为额定电压，U_f 为分压器两端电压，U_{f5} 为 5 倍工频稳态电压时分压器两端电压。

工频稳态时，有

$$U_f = 额定相电压\left(\frac{U_N}{\sqrt{3}}\right) \times \frac{一次设备总电容}{一次设备总电容 + 分压电容} \qquad (3-10)$$

5 倍工频稳态电压时，有

$$U_f \times 5 = U_{f5} \qquad (3-11)$$

3.6.3.2　工频过电压

变电所电气设备耐受工频过电压、谐振过电压的要求见表 3.4。

表 3.4　　　　　　　　　　变电所电气设备耐受工频过电压、谐振过电压的要求

设　备	要　求							
	20min		20s		1s		0.1s	
	相间	相对地	相间	相对地	相间	相对地	相间	相对地
变压器 （包括自耦变压器）	1.10	1.10	1.25	1.25	1.5	1.9	1.58	2.00
并联电抗器	1.15	1.15	1.35	1.35	1.5	2.0	1.58	2.08
高压电器、电容式电压互感器、电流互感器、耦合电容器、母线支柱绝缘子	1.15	1.15	1.6	1.6	1.7	2.2	1.8	2.4

$$U_f = 最大额定相电压 \left(\frac{U_N}{\sqrt{3}} \times 1.15 \right) \times 过电压倍数 \times \frac{一次设备总电容}{一次设备总电容 \times 分压器电容}$$

$$(3-12)$$

式中　U_N——额定电压；

　　　　U_f——分压器两端电压（有效值）。

3.6.3.3　测量范围与分压比的确定

计算首先依据《交流电气装置的过电压保护和绝缘配合》（DL/T 620—1997）中有关绝缘配合和避雷器残压的表述，取避雷器在标称雷电流 5kA 下的额定残压值 U_R 为过电压计算依据。再依据《交流无间隙金属氧化物避雷器》（GB 11032—2010）（表 J.3 典型的电站和配电用避雷器参数）找出如下相关参数值：

（1）标称放电电流 10kA，电站避雷器残压峰值不大于 562kV（系统额定电压 220kV）。

（2）标称放电电流 10kA，电站避雷器残压峰值不大于 281kV（系统额定电压 110kV）。

$$U_f = 雷电冲击电流残压峰值 \times \frac{一次设备总电容}{一次设备总电容 + 分压器电容} \times \frac{1}{\sqrt{2}} \quad (3-13)$$

式中　U_f——分压器两端电压（有效值）。

3.6.4　电容分压器结构研究

电容器不同接法下的波形比较如下：

（1）接法一。将 2 个 $2\mu F$ 电容组成一组，总共 7 组由两根平行长线串接起来组成电容器组，如图 3.46 所示，其方波响应波形如图 3.47 所示。

图 3.46　接法一结构示意图

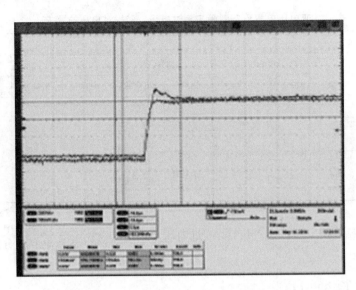

图 3.47　接法一的方波响应波形

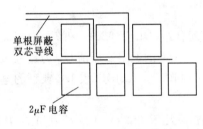

图 3.48　方法二结构示意图

（2）接法二。将 4 个 $2\mu F$ 电容组成一组，总共 3 组由单根屏蔽双芯导线串接起来组成电容器组，如图 3.48 所示，其方波响应波形如图 3.49 所示。

图 3.47 和图 3.49 中的曲线为一次分压波形和二次分压波形，明显图 3.49 的曲线跟随性要好于图 3.47 的，这是由于接法一中两根导线间距过长，虽然看似平行但对电感的削弱效果已经很弱了，而采用双芯电缆后，由于导线是时刻紧贴并平行的，所以对电感的削弱效果要远好前者。

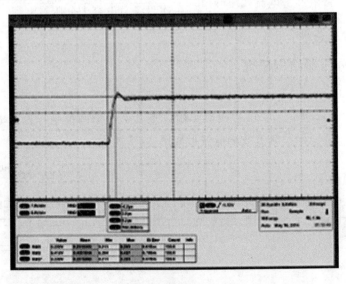

图 3.49　接法二波形方波响应测试波形

（3）金属膜电容与薄膜电容的波形比较。金属膜电容在电压上升率和单位电感量等参数方面均不如薄膜电容，在高压臂为油纸绝缘电容的前提下将这两种电容分别作为低压臂来进行试验。从图 3.50、图 3.51 的波形中可以看出，由于上述的参数差异，图 3.50 的波形跟随性要远差于图 3.51 的波形跟随性。

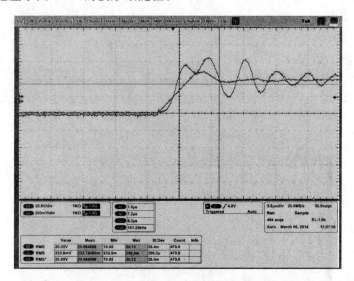

图 3.50　金属膜电容方波响应测试波形

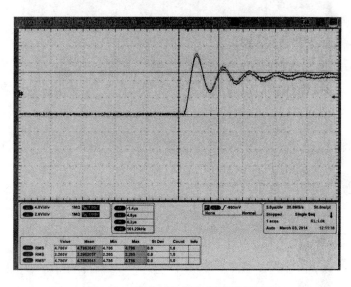

图 3.51　薄膜电容方波响应测试波形

3.6.5　电容式电压互感器构成的过电压分压转换装置性能测试研究

对 TYD110/$\sqrt{3}$-0.01H 型电容式电压互感器与低压臂电容器组成的暂态过电压的电压转换装置进行冲击电压试验，测试其性能，如图 3.52 所示。

标准分压器分压比为 10000，电容式电压互感器分压器分压比为 4752。

图 3.52 电容式电压互感器构成的分压器冲击电压测试试验

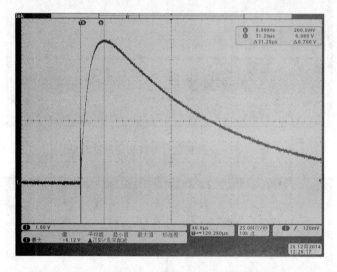

图 3.53 示波器记录的标准分压器的冲击电压波形

（1）上升时间约为 $20\mu s$ 的冲击电压。示波器记录的标准分压器的冲击电压波形如图 3.53 所示。

VER200 记录的电容式电压互感器分压的冲击电压波形如图 3.54 所示。

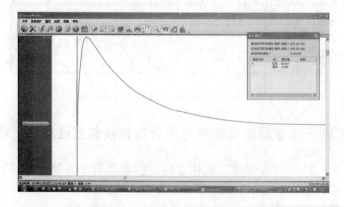

图 3.54 VER200 记录的电容式电压互感器分压的冲击电压波形

（2）上升时间约为 $8\mu s$ 的冲击电压。示波器记录的标准分压器与电容式电压互感器分压的波形对比如图 3.55 所示，误差数据对比见表 3.5。

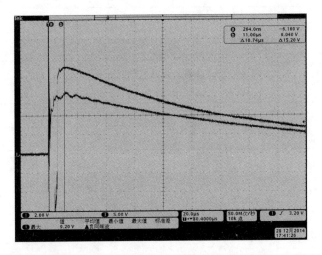

图 3.55　示波器记录的标准分压器与电容式电压互感器分压的波形对比

表 3.5　示波器记录的标准分压器与电容式电压互感器分压的波形误差数据对比

上升时间/μs	标准分压器电压/kV	电容式电压互感器电压/kV	误差/%
18	69.6	68.01	1.4
8	90.4	86.8	3.9

3.7　测量电缆匹配方式对测量的影响

采用图 3.56 进行计算，$C_1 = 1000C_2 = 10\mu F$，$C_2 = 10nF$，理论分压比为 1000（$-60dB$），电缆为 100m 的传输线。

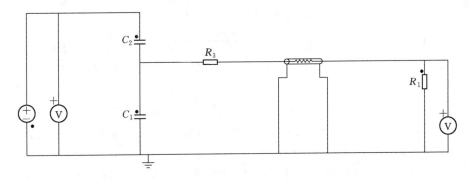

图 3.56　电缆匹配方式对频率-分压比特性影响的仿真计算模型

（1）当取 $R_3 = 50\Omega$、$R_1 = 50\Omega$ 时，模拟双端匹配时的频率-分压比曲线如图 3.57 所示。

当取 $R_3 = 50\Omega$、$R_1 = 1M\Omega$ 时，模拟源端单端匹配时的频率-分压比曲线如图 3.58 所示。

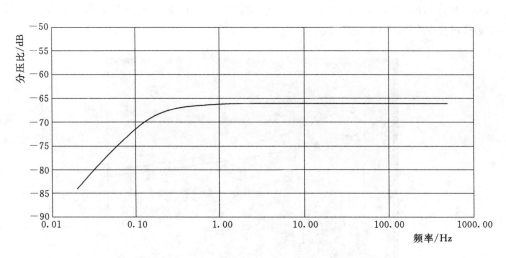

图 3.57　双端匹配时频率-分压比特性曲线

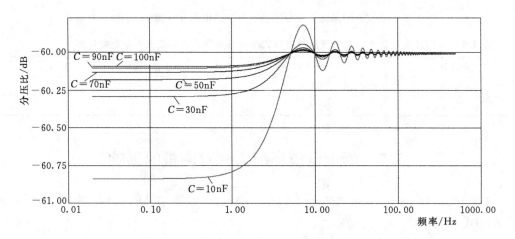

图 3.58　单端匹配下不同 C_2 时的分压比-频率变化曲线

分压比从 50(60)～1000Hz 随频率降低而降低幅度较大，不能满足频带内的要求。

(2) 取 $C_2 = 10 \sim 100\text{nF}$，则 C_1 在 $10 \sim 100\mu\text{F}$ 变化时，随着 C_1 的增大，分压比随频率的摆动幅度减小（最大 0.8dB）。

(3) 取 $C_2 = 10\text{nF}$，$C_1 = 10\mu\text{F}$ 固定不变，电缆长度 L 在 $10 \sim 200\text{m}$ 变化时，长度超过 100m 时，分压比随频率的摆动幅度超过 0.8dB，如图 3.59 所示不能满足频带内测量的要求。采用电缆单端匹配时要控制电缆长度。

(4) 当取 $R_3 = 50\Omega$、$R_1 = 50\Omega$ 时，模拟双端匹配时的频率-分压比曲线；取 $C_2 = 10 \sim 100\text{nF}$，则 C_1 在 $10 \sim 100\mu\text{F}$ 变化时，随着 C_1 的增大，分压比随频率的摆动幅度减小（最大 0.8dB），如图 3.60 所示。

此时分压比为 1/2000（-66dB），如果要满足工频下（50Hz 或 60Hz）的分压比误差小于 0.8dB，则要 $C_2 > 50\mu\text{F}$，在某些情况下实现是比较困难的。

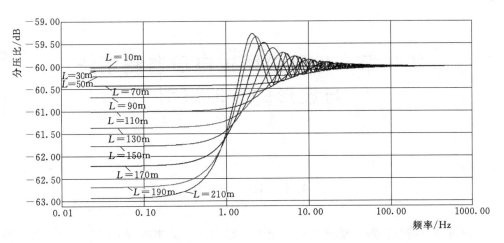

图 3.59　单端匹配下不同电缆长度时的频率-分压比特性曲线

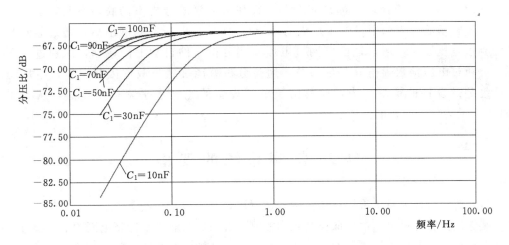

图 3.60　双端匹配下不同 C_2 时的频率-分压比曲线

3.8　本　章　小　结

　　本章在对过电压在线监测技术一般分析的基础上，提出了采用 DSP 及 FPGA 的基于实时波形压缩技术与波形断面启动技术的暂态过电压在线监测技术，对该技术的硬件设计、实时波形压缩算法与波形断面启动技术等方面进行了详细介绍，该技术可有效解决采样率和存储大小相互制约以及频繁误启动等问题，实现了对电力设备暂态过电压进行稳定、可靠、精确测量的目的。同时，为满足测量需求，本章介绍了以电阻分压器和电容分压器为基本思想的过电压测量装置，包括电磁式电流互感器、电容式电压互感器。利用变电站现有设备构成分压器取样系统，分别以龙里变的 203 电流互感器分压器和龙山变的 102T 分压器为例，详细介绍两处分压器取样系统的构成、原理、接线方式等内容，根据相应变电站的特点与要求设计了符合其测量要求的分压取样系统，并对其测试性能进行研究。本章还考虑了测量电缆匹配方式对测量的影响。

第4章 地区电网过电压监测系统与波形的智能识别

4.1 概　　述

过电压现象与线路及两端的变电站是密切相关的，组建地区电网的过电压监测网络将有助于对过电压事件的分析与故障定位。以往当电网出现电气设备损坏的情况时，对事故原因的分析一直以来都是靠经验，往往造成事故分析不彻底、不明确（很多情况下总是将事故原因归于过电压造成的）。组成区域过电压监测网络后，通过监测装置监测到过电压波形，通过地区电网过电压监测分析软件自动上传数据，识别过电压类型，分析过电压倍数幅值等各项参数，通过分析就能确定事故原因是由于过电压幅值或陡度超过设备的承受能力，还是由于电气设备的绝缘水平降低所造成，从而实现"事故后说清楚"的目的。

4.2 监测系统的架构

暂态过电压监测系统采用三层结构，装置层、站控层和主站层。

装置层由暂态过电压信号取样装置和监测装置组成。取样装置将电网中的暂态过电压信号变换成监测装置能够测量的低电压信号，通过同轴电缆与监测装置相连。暂态电压监测装置通过以太网连接到站控层，监测数据自动存入站控层计算机的数据库和磁盘中。暂态电压监测装置的参数由站控层进行设置。

站控层通过以太网连接下层暂态电压监测装置和上层过电压监测应用服务器。站控层计算机上安装有暂态电压监测软件，用于读取或设置暂态电压监测装置的参数、接收暂态电压监测装置监测记录的暂态电压数据以及浏览暂态电压数据。每个变电站中的站控层计算机接收到暂态电压数据后存储到数据库和磁盘中，然后通过以太网定时将数据更新到上层的过电压监测应用服务器上。

主站层是一台过电压监测应用服务器，用于接收和存储各个变电站中站控层计算机上传的暂态过电压监测数据。过电压监测应用服务器上安装有暂态过电压高级应用软件，不仅可以按条件查询和浏览暂态过电压波形数据，还可以对波形数据进行高级处理、仿真计算、波形特征提取。

监测系统架构如图4.1所示。

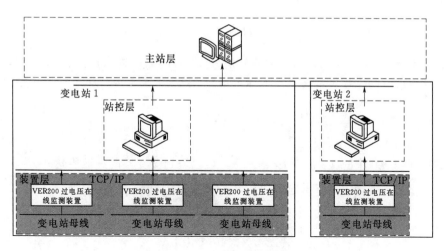

图 4.1　监测系统架构图

4.3　暂态过电压类型判断算法

4.3.1　基于 S 变换的过电压信号分析及特征量提取

4.3.1.1　S 变换理论

S 变换（S-Transform）理论是由 Stockwell 于 1996 年提出的一种局部时频变换方法，该方法是基于短时傅里叶变换思想和小波理论的一种新的、可逆的时域分析算法。

定义 $h(t)$ 为时间序列信号，S 变换的算法表达为

$$S(\tau, f) = \int_{-\infty}^{\infty} h(t) w(\tau - t, f) e^{-j2\pi ft} d\tau \tag{4-1}$$

在该算法中，基本小波是由高斯窗 $w(\tau - t, f)$ 与复向量 $e^{-j2\pi ft}$ 构成，其中基本小波在时域起到伸缩变换的功能，高斯窗起到伸缩与平移的功能，高斯窗的表达式为

$$w(\tau - t, f) = \frac{f}{\sqrt{2\pi}} e^{\frac{-f^2(\tau-t)^2}{2}} \tag{4-2}$$

式中　τ——控制高斯窗口时域位置的坐标参数；

　　　f——频率；

　　　j——虚数单位。

可以看出，S 变换与傅里叶变换的最大区别在于，其窗口函数的高度与宽度随频率的变换而改变，从而达到对不同频率成分具有不同的辨析率。

S 变换是一种可逆的变换，原始信号 $h(t)$ 可以通过 S 反变换由 $S(\tau, f)$ 计算得到，即

$$h(t) = \int_{-\infty}^{\infty} \left[\int_{-\infty}^{\infty} S(\tau, f) d\tau \right] e^{j2\pi ft} d\tau \tag{4-3}$$

S 变换同样可以通过对原始信号进行傅里叶变换得到，即

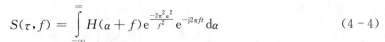

$$S(\tau, f) = \int_{-\infty}^{\infty} H(\alpha + f) \mathrm{e}^{\frac{-2\pi^2 \alpha^2}{f^2}} \mathrm{e}^{-\mathrm{j}2\pi ft} \mathrm{d}\alpha \qquad (4-4)$$

$h[kT]$（$k=0$，1，$\cdots$，$N-1$）是原始信号 $h(t)$ 的离散表达形式，其中 T 是离散采样点。对此离散时间序列进行傅里叶变换可得

$$H\left[\frac{n}{NT}\right] = \frac{1}{N} \sum_{k=1}^{N-1} h[kT] \mathrm{e}^{\frac{-\mathrm{j}2\pi nk}{N}} \qquad (4-5)$$

其中 $n=0$，1，$\cdots$，$N-1$。

使得式（4-4）中的 $f \rightarrow n/NT$，$\tau \rightarrow jT$，可以得到 S 变换的离散表达式为

$$S\left[kT, \frac{n}{NT}\right] = \sum_{m=0}^{N-1} H\left[\frac{m+n}{NT}\right] \mathrm{e}^{-\frac{2\pi^2 m^2}{n^2}} \mathrm{e}^{\frac{\mathrm{j}2\pi mk}{N}}，\quad n \neq 0 \qquad (4-6)$$

$$S[jT, 0] = \frac{1}{N} \sum_{m=0}^{N-1} h\left[\frac{m}{NT}\right]，\quad n = 0 \qquad (4-7)$$

因此，S 变换可以通过 FFT 进行快速计算。S 变换的计算结果是一个 S 矩阵，矩阵的行与列分别为时域和频域。该矩阵是一个复数矩阵，能够同时反映幅值与相位信息。所有过电压信号特征量为通过 S 变换得到的幅值矩阵获取。

4.3.1.2　基于 S 变换的过电压信号特征分析

1. 雷电过电压

电力系统中的架空线位于旷野中，很容易受到雷击影响，雷击线路形成的雷电过电压沿电网传播入侵变电站，严重威胁变电站设备的安全运行。雷电过电压可以根据雷击物理过程分为直击雷与感应雷两类。其中，直击雷又根据其雷击点的位置分为绕击雷（直接击中导线）与反击雷（击中杆塔或避雷线后对导线发生闪络）。典型雷电过电压波形如图 4.2 所示。

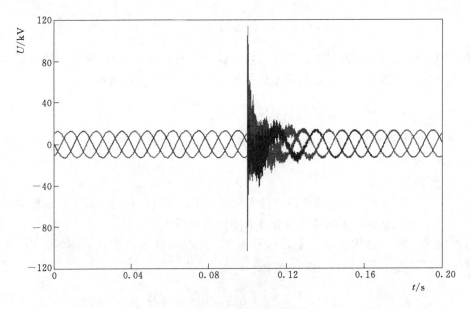

图 4.2　典型雷电过电压波形

雷电过电压的主要特征主要体现在波形的高频震荡中。若雷电流的幅值较大，会导致系统零序电压发生变化而使得三相工频基波出现较大的阶跃，如图 4.2 中的雷电过电压波形。但大多数情况下，由于雷击位置距变电站较远等原因，工频波形往往无明显变化。因此对于该类型过电压的特征进行分析时，将工频基波成分滤除掉，使得其高频振荡成分的特征更加明显。如图 4.3 所示，其中，图 4.3（a）为滤除了工频基波分量的雷电暂态波形，图 4.3（b）是该高频振荡的 S 变化频谱特征，该频谱特征进行了归一化处理。

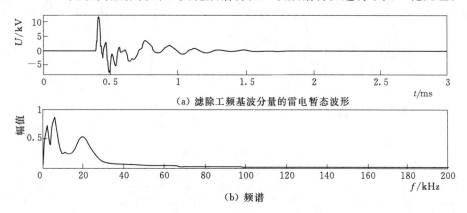

(a) 滤除工频基波分量的雷电暂态波形

（b）频谱

图 4.3 雷电暂态波形及其频谱

从波形可以看出雷电过电压的暂态波形幅值较大，最大峰值超过 10kV，其波形的高频振荡部分集中在 0～40kHz。这是由于雷电波形是在变电站内部测得的，当发生在架空线上的雷击过电压发生后，沿线路传递至变电站内部时，其波形有一定的衰减和变形，因此雷电波形振荡频率较低。

2. 工频过电压

在电力系统中若有某些类型的故障出现后，如非金属接地、断线（单相断线、两相断线、接地与不接地）以及基波铁磁谐振，其电压特征均表现为工频过电压，对于三相特征包括：

（1）一相电压降低，不为零，另两相电压升高。

（2）两相电压降低，一相电压升高。

（3）三相电压全部升高。

非金属性接地、断线以及基波铁磁谐振三种故障引起的过电压在波形上高度相似，仅仅通过系统三相电压特征并不能完全的对过电压类型进行识别分类，必须结合其他信号特征，如电流特征或零序信号特征对其进行综合识别。因此这几种工频过电压故障被统一归为一种类型，即工频过电压。

以基波铁磁谐振为例，工频过电压典型波形如图 4.4 所示。

基波铁磁谐振其 S 变换时频谱中只有 50Hz 工频分量成分，三相频率谱计算公式为

$$A\left(\frac{n}{NT}\right) = \frac{\sum\limits_{kT} S\left[kT, \frac{n}{NT}\right]}{N} \tag{4-8}$$

基波铁磁谐振的三相频率谱如图 4.5 所示。

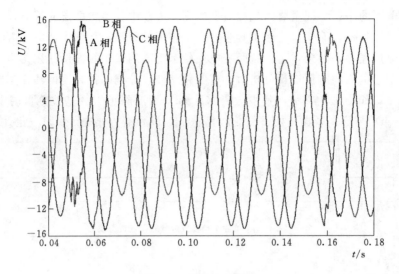

图 4.4　基波铁磁谐振

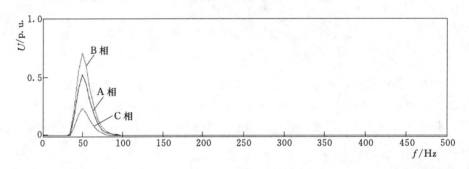

图 4.5　基波铁磁谐振的三相频率谱

从频谱中可以看出，三相电压仍为工频电压，不包含高频分量。电压特征表现为两相升高、一相降低。

3. 谐振过电压

电力系统在正常运行时，三相电源中不存在谐波分量，但是若在其他类型故障激发条件下，在过渡过程中有可能出现高频谐波分量，该谐波的频率通常为基波频率的奇数倍，此时电源中性点位移点位仍属于零序性质。当高频谐振发生时，电压波形特征主要表现为三相波形中出现频率为 150Hz、250Hz、350Hz 的谐波分量，即工频的 3、5、7 倍谐波。典型高频谐振过电压波形如图 4.6 所示。

通过 S 变换计算高频谐振过电压的频率谱如图 4.7 所示。从图中可以明显看出，该过电压频谱在 150Hz、250Hz、350Hz 处有三个局部峰值。即电压波形中有基波频率的 3、5、7 倍谐波存在。

4. 弧光接地过电压

弧光接地过电压通常以半个工频周期为时间间距，反复出现弧光放电。在波形上表现为反复出现的高频振荡。同时在弧光接地过电压发生时，由于故障相对地电容的充放电过程，导致非故障相幅值反复升高至线电压，因此其频谱上会出现频率为 200Hz 左右的峰

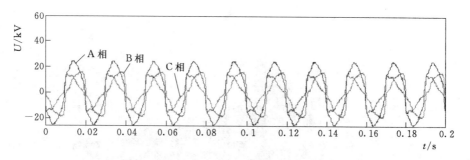

图 4.6　高频铁磁谐振过电压

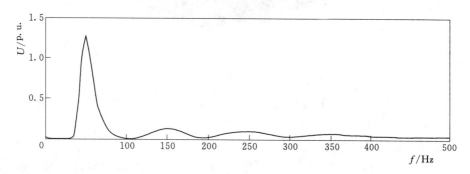

图 4.7　高频铁磁谐振频谱

值。龙山 110kV 变电站内 10kV 侧 A 相单相接地故障下弧光接地过电压仿真波形如图 4.8 所示。

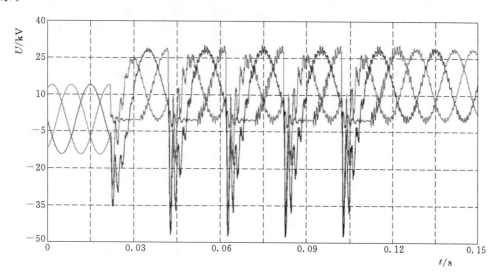

图 4.8　弧光接地过电压

　　通过 S 变换对该波形计算时频谱如图 4.9 所示。有两点需要说明：首先，弧光接地三相波形相差较大，图 4.9 为幅值最大的一相，即 A 相的波形所计算得到的时频谱；其次，为了突出波形细节，弧光接地过电压的波形图与其时频谱仅绘制了 0.1s 的时间长度。同时，频谱的高频分量在 5000Hz 趋近于零，因此，频域只绘制至 5000Hz。

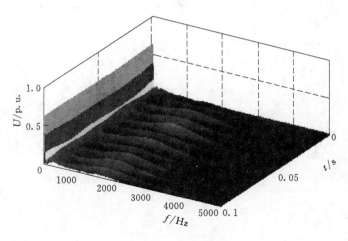

图 4.9　弧光接地时频谱

从弧光接地过电压的 S 变换时频谱中可以明显看出，高频振荡以半个工频周期反复出现。这一特征也是区别弧光接地与其他类型过电压的主要特征之一。

5. 投切电容器组过电压

投切电容器组过电压为操作过电压，同时伴随有 200Hz 左右的衰减谐波出现。系统正常运行时，三相同时合闸的电容器上的电压如图 4.10 所示。

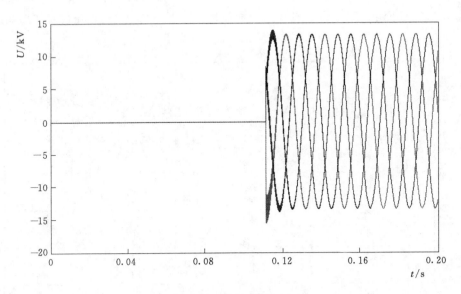

图 4.10　合闸电容器组过电压

对该过电压中 B 相计算 S 变换时频谱，如图 4.11 所示。从图中可以看出，合闸电容器组在过电压出现时刻，伴随有高频振荡出现，同时包含有逐渐衰减的 200kH 左右的谐波。为了突出谐波特征，该图的频域只绘制了 2000Hz，同时滤除了 50Hz 工频成分。

6. 合闸空载线路过电压

合闸空载线路从波形上来看，与雷电过电压有类似之处，其主要特征同样体现在高频

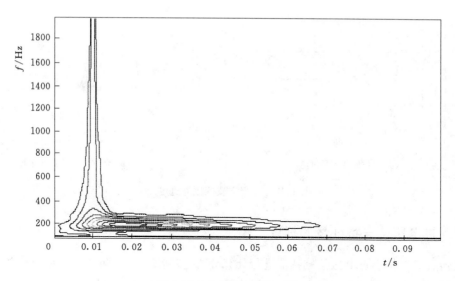

图 4.11　合闸电容器组频谱

振荡中，如图 4.12 所示。线路合闸波形为了与雷电过电压波形进行对比，因此采用绝对值标注。

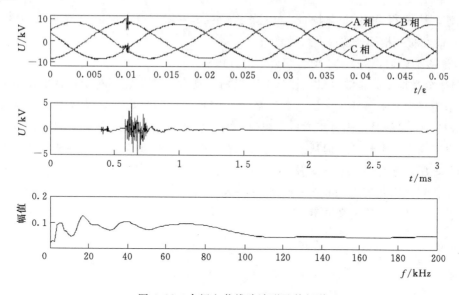

图 4.12　合闸空载线路波形及其频谱

7. 分合闸空载变压器过电压

对变压器元件检修时，利用断路器对其进行分合闸操作，被操作的感性元件存在电磁能量的转换，产生电磁振荡，将形成分合闸过电压。变压器检修时，对断路器分闸操作，会产生截流现象，形成断路器的分闸过电压；变压器检修完后，合闸时，变压器励磁绕组也将出现涌流，产生合闸过电压。断路器分合闸时，变压器的特性参数和断路器的灭弧性能都会影响过电压幅值的大小。图 4.13（a）和图 4.13（b）分别为 110kV 系统分和合空载变压器的过电压波形。

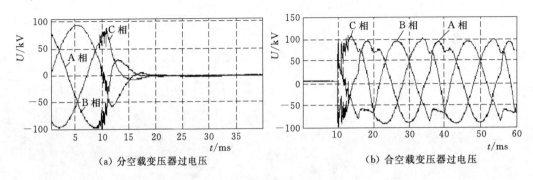

(a) 分空载变压器过电压　　　　　(b) 合空载变压器过电压

图 4.13　分合空载变压器过电压

4.3.2　过电压信号特征量的提取

在通过 S 变换对过电压信号特征进行计算分析之后，针对不同特征类型设计了如下 5 个特征量对过电压类型进行区分。在计算特征量之前，S 变换的幅值谱定义为

$$A(kT,f) = \left| S\left[kT, \frac{n}{NT} \right] \right| \tag{4-9}$$

此外，计算得到的所有特征量中除了特征量 CQ3 外，均以三相电压中均方根（RMS）最大的一相信号波形进行计算。

1. 特征量 CQ1：50Hz 分量在频谱中所占比例

50Hz 分量即工频基波分量，在过电压识别中具有重要地位。对于正常电压信号，其频率成分应只包含有 50Hz 分量。对于金属性接地与工频过电压，其频率成分也仅包含 50Hz 分量，但是该分量超过正常电压幅值。对于雷电与合闸空载线路过电压，其波形中虽然包含有高频振荡部分，但从能量角度而言，仍是 50Hz 成分分量占主要地位。对于其他类型过电压，如高频、分频谐振、弧光接地等，由于有持续时间较长、幅值相对较大的谐波分量存在，因此其 50Hz 工频分量不再为频谱中的主要成分。

该特征量计算方法定义频谱为

$$AvsF(f) = \sum_{k=1}^{N} A(kT,f) \tag{4-10}$$

则有

$$CQ1 = \frac{\sum_{f=40}^{60} AvsF(f)}{\sum_{f} AvsF(f)} \tag{4-11}$$

由于实测波形计算得到的频谱特征中，工频分量不一定为准确的 50Hz，因此，公式中的工频分量才有 40~60Hz 的频谱之和。

2. 特征量 CQ2：50Hz 分量的幅值

50Hz 分量的幅值由于区分工频过电压与其他类型过电压之间的区别，为了便于在不同电压类型间比较，该特征量采用相对幅值大小，该特征量计算公式如下：

$$CQ2 = \frac{\sum\limits_{k=1}^{N} A(kT, 50)}{NV_{\text{nml}}} \qquad (4-12)$$

式中 N——离散频谱的采样点数；

$\quad\quad V_{\text{nml}}$——计算阈值，该值由正常电压波形通过 S 变换计算得到的 50Hz 分量均值得到，对于电压等级为 10kV 的电压信号而言，$V_{\text{nml}} = 10.5/\sqrt{6} \approx 4.2866$。

3. 特征量 CQ3：三相电压信号中幅值最小一相的均方根

该特征量用于区分金属性接地与工频过电压之间的差异，计算公式为

$$CQ3 = \text{RMS}[\min(U_A, U_B, U_C)] \qquad (4-13)$$

公式中的 RMS() 算式为计算均方根。其算法表达为

$$x_{\text{rms}} = \sqrt{\frac{1}{n} \sum_{1}^{n} (x_i - \overline{x})^2} \qquad (4-14)$$

式中 x——信号的离散采样点；

$\quad\quad n$——信号长度；

$\quad\quad \overline{x}$——信号平均值。

4. 特征量 CQ4：频谱中高频部分峰值大小

该特征量用于判断过电压信号中是否有幅值较大的高频振荡出现，用以区分雷电、合闸空载线路以及弧光接地等暂态过电压与其他稳态过电压，其计算公式为

$$AvsT_{500}(kT) = \sum_{n=500NT} \left| S\left(kT, \frac{n}{NT}\right) \right| \quad k = \{1, 2, \cdots, N\}$$

$$CQ4 = \frac{\max\{AvsT_{500}(kT)\}}{\sum\limits_{k=1}^{N} AvsT_{500}(kT)} N \qquad (4-15)$$

$AvsT_{500}(kT)$ 为计算得到信号 500Hz 以上的频率谱，在该频谱中寻找峰值与频谱平均值之比作为特征量。该特征量与 CQ2 相似，同样是一个相对幅值。

5. 特征量 CQ5：谐波频率

计算 0.01～0.03s 时间区间内的频谱，CQ5 为频谱中幅值第二高的峰值所对应的频率。例如对高频谐振而言，第二高的峰值频率为 150Hz，分频谐振第二高峰值为 25Hz。如果频谱中只有一个 50Hz 峰值，如工频谐振，则定义 CQ4＝0；之所以计算 0.01～0.03s 之间的频谱，主要是考虑到电容器合闸过电压的 200Hz 谐波持续时间并不长，且其幅值相对较低。如果计算整个波形的频谱（过电压信号长度 0.2s），则有可能导致该谐波淹没在其他频谱分量中而不够明显。

利用报告中已有的波形对各过电压的特征量计算结果见表 4.1。

表 4.1　　　　　　　　　　　　过电压的 5 种特征量　　　　　　　　　　　　单位：kV

过电压类型	CQ1	CQ2	CQ3	CQ4	CQ5
感应雷过电压	0.6280	1.0447	0.9654	43.186	0
工频过电压	0.6145	1.6446	0.7443	2.0445	0

过电压类型	CQ1	CQ2	CQ3	CQ4	CQ5
谐振过电压	0.4007	2.9556	1.6254	2.3694	150
弧光接地过电压	0.3977	1.8304	0.5030	6.5734	190
投切电容器组过电压	0.6192	1.0220	0.9820	24.320	185
合闸空载线路过电压	0.6757	1.0092	0.9891	15.794	0
分合闸空载变压器过电压	0.5770	1.5813	0.2426	10.844	0

4.3.3　过电压综合识别系统框架

过电压综合识别系统框架如图 4.14 所示。

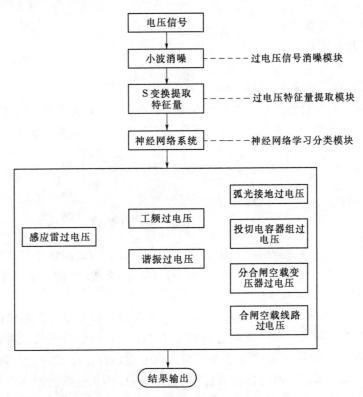

图 4.14　过电压综合识别系统

该系统主要由三大模块构成，分别是过电压信号消噪模块、过电压特征量提取模块、神经网络学习分类模块。

过电压信号消噪模块利用小波域阈值消噪法对过电压波形进行消噪处理。小波变换具有很强的去数据相关性，它能够使信号的能量在小波域集中在一些大的小波系数中；而噪声的能量却分布于整个小波域内。因此，经小波分解后，信号的小波系数幅值要大于噪声的系数幅值。可以认为，幅值比较大的小波系数一般以信号为主，而幅值比较小的系数在很大程度上是噪声。于是，采用阈值的办法可以把信号系数保留，而使大部分噪声系数减小至零。小波阈值收缩法去噪的具体处理过程为：将含噪信号在各尺度上进行小波分解，设定一个阈值，幅值低于该阈值的小波系数置为 0，高于该阈值的小波系数或者完全保留，或者做相应的"收缩（shrinkage）"处理。最后将处理后获得的小波系数用逆小波变换进行重构，得到去噪后的图像。

过电压特征量提取模块通过 S 变换对过电压信号特征进行计算分析之后，提取出了 50Hz 分量在频谱中所占比例、50Hz 分量的幅值、三相电压信号中幅值最小一相的均方根、频谱中高频部分峰值大小和谐波频率 5 个特征量，作为区分不同过电压类型的参数。

神经网络学习分类模块基于 BP 神经网络，将 S 变换得到的特征量作为网络的输入，对网络进行训练得到用以区分不同类型过电压的网络模型，并将结果返回待分类的数据包中。

4.3.4 过电压综合识别系统具体算例应用

对过电压波形进行小波消噪处理后，经过 S 变换，分别提取了 7 种过电压数据参数。为了得到最优的过电压识别系统，需要对识别系统进行训练，进而找到最优的权值参数，用以实现对过电压的分类。其中，识别系统的优劣是通过对测试数据分类的准确率反映的。具体的算例流程图如图 4.15 所示。

每种过电压样本为 50，共 $7 \times 50 = 350$ 条样本。每一种过电压对应 5 种特征量，分别为 50Hz 分量在频谱中所占比例、50Hz 分量的幅值、三相电压信号中幅值最小一相的均方根、频谱中高频部分峰值大小、谐波频率。将样本数据随机分为 80% 的训练数据以及 20% 的测试数据，对识别系统进行训练，分析如下。

1. 对训练次数的选择

当隐含层节点数为 10，训练次数分别设置为 5、15、20 时，测试结果具体见表 4.2～表 4.4。

在数据样本总量一定的情况下，隐含层节点数为 10，将样本的训练次数分别设置为 5、15、20 时，对应的过电压系统识别正确率分别为 86.11%、91.43%、91.67%，随着训练次数的增加，系统识别正确率会有所提高，最终趋

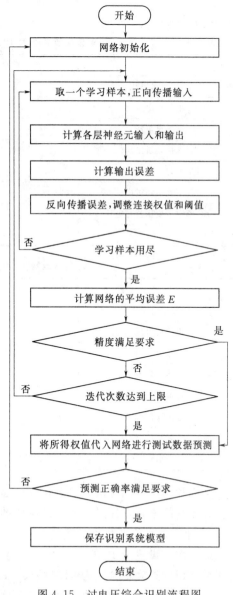

图 4.15 过电压综合识别流程图

77

表 4.2　　　　　　　　隐含层节点数为 10，训练次数为 5 的测试结果

类　型	测试样本量	识别错误量	正确率/%
感应雷过电压	13	1	92.31
工频过电压	13	2	84.62
谐振过电压	11	1	90.91
弧光接地过电压	11	0	100.00
投切电容器组过电压	9	4	55.56
合闸空载线路过电压	7	1	85.71
分合闸空载变压器过电压	8	1	87.50
总计	72	10	86.11

表 4.3　　　　　　　　隐含层节点数为 10，训练次数为 15 的测试结果

类　型	测试样本量	识别错误量	正确率/%
感应雷过电压	11	1	90.91
工频过电压	9	1	88.89
谐振过电压	12	2	83.33
弧光接地过电压	10	0	100.00
投切电容器组过电压	9	1	88.89
合闸空载线路过电压	9	0	100.00
分合闸空载变压器过电压	10	1	90.00
总计	70	6	91.43

表 4.4　　　　　　　　隐含层节点数为 10，训练次数为 20 的测试结果

类　型	测试样本量	识别错误量	正确率/%
感应雷过电压	11	1	90.91
工频过电压	10	1	90.00
谐振过电压	13	2	84.62
弧光接地过电压	11	0	100.00
投切电容器组过电压	9	1	88.89
合闸空载线路过电压	8	0	100.00
分合闸空载变压器过电压	10	1	90.00
总计	72	6	91.67

于一个饱和值。但训练次数过多，程序运行时间会增加，造成分类效率的降低，因此，综合两方面的因素，选择过电压识别系统的训练次数为 15。

2. 对隐含层节点数的选择

训练次数设置为 15 的情况下，改变隐含层节点数，分别设置为 10、15、20，得到过电压系统识别正确率分别为 91.43%、91.78%、91.28%。可以看出，在训练次数设置好的情况下，隐含层节点数的改变对识别正确率的影响不大。隐含层节点数设置为 15。

3. 训练样本量的大小对过电压识别系统的影响

增加样本量为 300×7，同样将样本量的 80% 作为训练样本，20% 作为测试样本，隐含层节点数设置为 15，训练次数设置为 15，得到各类电压的分类结果见表 4.5。

表 4.5　　　　隐含层节点数设置为 15，训练次数设置为 15 的测试结果

类　　型	测试样本量	识别错误量	正确率/%
感应雷过电压	61	3	95.08
工频过电压	60	1	98.33
谐振过电压	62	2	96.77
弧光接地过电压	59	3	94.92
投切电容器组过电压	60	2	96.67
合闸空载线路过电压	58	0	100.00
分合闸空载变压器过电压	61	2	96.72
总计	421	13	96.91

由表 4.5 可以看出，为了保证过电压识别系统的准确性，大量的样本做支持是非常有必要的，在大样本量下，神经网络经过训练学习后，可以明显提高过电压的识别正确率，尤其对于需要分类的过电压类别比较多的情况下，大样本量尤其重要。

经过对过电压识别系统的训练，可以使其分类正确率达到 96% 以上。综上，300×7 作为训练的样本，训练次数设置为 15，隐含层节点数设置为 15，训练后得到的过电压识别系统是一个可靠性很高的系统，将其进行保存，即可对需要分类的过电压进行准确的识别。

4.4　本　章　小　结

本章对地区电网过电压监测系统的架构进行了详细的描述，并基于 S 变换提取各种过电压信号特征量。在监测系统中，最关键的技术是 50Hz 分量在频谱中所占比例、50Hz 分量的幅值、三相电压信号幅值最小一相的均方根、频谱中高频部分的峰值大小、谐波频率这五种特征量的提取分析，结合波形分析，即可判断过电压的类型。本章还介绍了由过电压消噪模块、过电压特征提取模块、神经网络学习分类模块三大模块组成的过电压综合识别系统框架，并基于此方法进行应用分析和识别系统的训练，使其对过电压的分类达到足够准确，并验证了该识别系统的高可靠性。

第5章 地区电网暂态过电压仿真分析及监测的布点原则

5.1 概　述

电力系统中产生暂态过电压时伴随着复杂的电磁暂态过程，对电网的安全运行造成威胁。借助仿真软件分析暂态过电压可为实际环境中的过电压现象提供重要的参考依据。ATP/EMTP 电磁暂态仿真软件具有分析功能多、元件模型全面、计算结果精确等优点，是目前世界上电磁暂态分析程序最为广泛使用的一个版本，基于该软件可对多种类型的典型暂态过电压进行的仿真分析。同时，对不同地区的变电站以及变电站内不同的监测点都需要遵循一定的原则。

5.2 典型暂态过电压仿真研究

5.2.1 投切空载变压器过电压

切除空载变压器是电网中常见的操作之一，在正常运行时，空载变压器可等效为励磁电感，因此切除空载变压器相当于切除一个小容量的电感负荷。与其类似，切除消弧线圈、并联电抗器、大型电动机也属于切除电感性负载。

在切断小电感电流时，由于能量小，通常弧道内的电离并不强烈，电弧很不稳定；加之断路器去电离作用强，可能在工频电流过零点前使电弧电流截断而强制熄弧。弧道中电流被突然截断的现象称为"截流"。由于截流留在电感中的磁场能量转化为电容上的电场能量，从而产生了过电压。

5.2.1.1 合闸空载变压器

利用 ATP/EMTP 对龙里 220kV 变电站内 110kV 母线侧合闸空载变压器时电压进行仿真，在 $t=0.1$s 时刻合闸龙里 220kV 变电站内 110kV 母线侧的某一空载变压器，结果如图 5.1 所示。由仿真结果可知，当 110kV 侧合闸空载变压器时，220kV 母线侧过电压幅值较小，可不予考虑。合闸处过合闸幅值可达 1.88p. u.，龙里变电站内 110kV 侧母线上合闸过电压可达 1.7154p. u.，而经过线路传输，龙山变电站内 110kV 母线处因龙里变合闸空载变压器所产生的过电压幅值为 1.4986p. u.。

5.2.1.2 切除空载变压器

龙里变电站内 110kV 母线侧切除空载变压器时过电压波形如图 5.2 所示，$t=0.1$s 时刻切除空载变压器，由仿真计算结果可知，除了切除变压器处过电压较高外，切除空载变

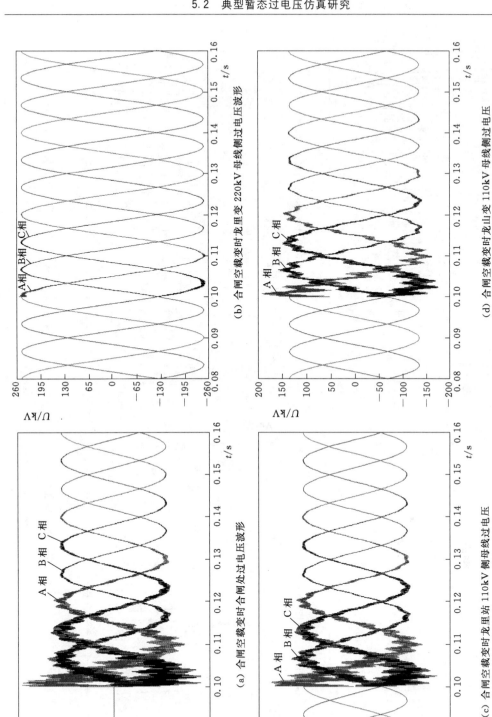

图 5.1 龙里 220kV 变电站 110kV 母线侧合闸空载变压器各监测点过电压波形

(a) 合闸空载变时合闸处过电压波形

(b) 合闸空载变时龙里变 220kV 母线侧过电压波形

(c) 合闸空载变时龙里站 110kV 侧母线过电压

(d) 合闸空载变时龙山变 110kV 母线侧过电压

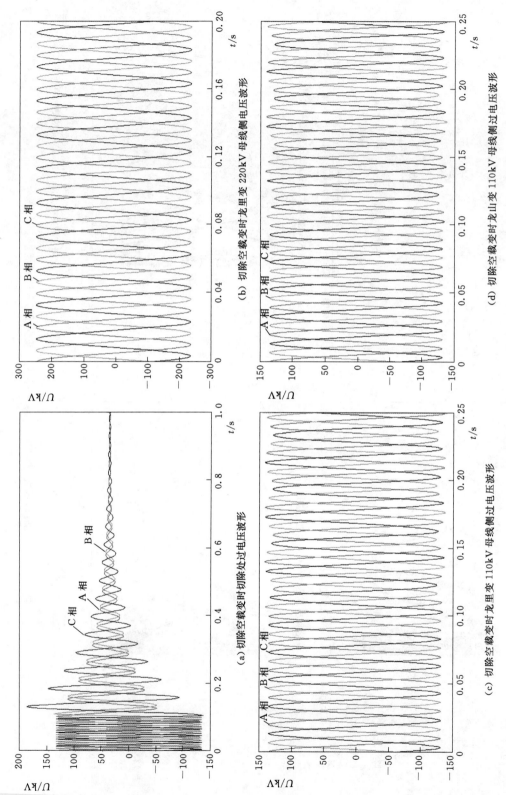

(a) 切除空载变时切除处过电压波形

(b) 切除空载时龙里变 220kV 母线侧电压波形

(c) 切除空载变时龙里变 110kV 母线侧过电压波形

(d) 切除空载变时龙山变 110kV 母线侧过电压波形

图 5.2 切除空载变压器过电压波形

压器在 220kV、110kV，以及龙山站 110kV 母线上产生的过电压幅值均较低，切除处过电压幅值可达 1.4615p.u.，220kV 母线电压基本不发生变化，龙里变电站内 110kV 母线上过电压幅值为 1.1154p.u.，传递到龙山变电站内 110kV 母线上过电压幅值为 1.0923p.u.。

5.2.2   合闸空载线路

电力系统中断路器合闸通常分为两种情况：一种是计划合闸，即合闸于空载线路；另一种是故障后的自动重合闸。由于后者的合闸瞬间线路上具有残压电荷，因而其过电压更为严重。本小节以计划性合闸为例，就合闸过电压的产生机理进行阐述分析以及仿真计算。

龙里 220kV 变电站内 110kV 侧母线处合闸空载线路时各测点过电压波形如图 5.3 所示。线路长度为 7.5km，导线型号 LGJ-240/40，$t=0.207$s 时刻合闸。合闸时，合闸线路首端（靠近龙里变 110kV 母线侧）过电压幅值为 1.7846p.u.，合闸线路末端过电压幅值为 2.0539p.u.，220kV 母线处过电压幅值为 1.0721p.u.，龙里站内 110kV 母线侧过电

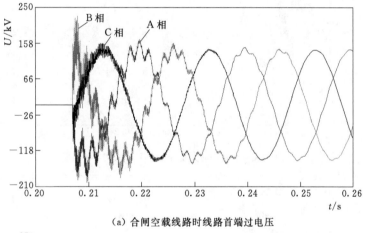

（a）合闸空载线路时线路首端过电压

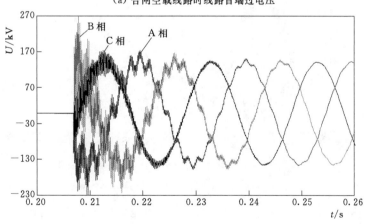

（b）合闸空载线路时线路末端过电压

图 5.3（一）   龙里变内 110kV 母线合闸空载线路时各测点过电压波形

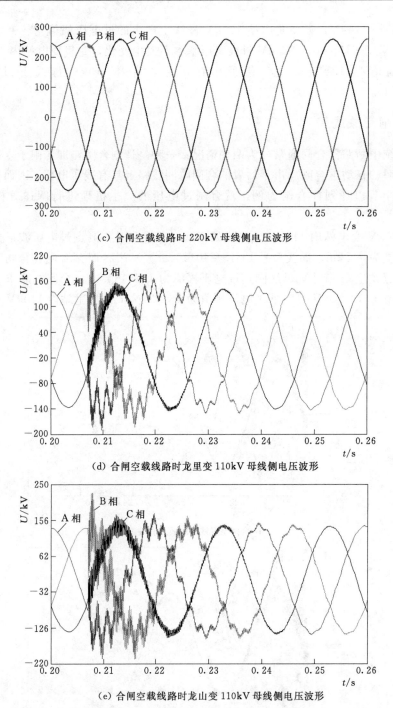

(c) 合闸空载线路时 220kV 母线侧电压波形

(d) 合闸空载线路时龙里变 110kV 母线侧电压波形

(e) 合闸空载线路时龙山变 110kV 母线侧电压波形

图 5.3（二）　龙里变内 110kV 母线合闸空载线路时各测点过电压波形

压幅值为 1.6538p. u. ，龙山站内 110kV 母线侧过电压幅值为 1.7846p. u. 。

5.2.3　切除空载线路

切除空载线是系统中常见的操作之一。我国在 35～220kV 电网中，都曾因切除空载线路时过电压引起过多次故障。多年的运行经验证明：若使用的断路器的灭弧能力不够强，以致电弧在触头间重燃，切除空载线路的过电压事故就比较多，因此，电弧重燃是产生这种过电压的根本原因。

龙里变电站内切除 110kV 母线侧某条空载线路时各监测点过电压波形图如 5.4 所示，线路长度为 7.5km，导线型号 LGJ-240/40，$t=0.207$s 时刻切除。切除空载线路时，切除处最大过电压为 1.0889p.u.，220kV 母线侧电压波形基本不变，龙里站内 110kV 侧母线上最大过电压为 1.1407p.u.，龙山站内 110kV 侧母线上最大过电压为 1.1333p.u.。

依然是上述模型，根据电流波形可知，A 相电流在 $t=0.21$s 时刻过零，因此设定电弧在 $t=0.22$s 时刻重燃，持续时间为 0.004s，切除空载线路时电弧重燃一次过电压波形如图 5.5 所示。

其中，切除空载线路处过最大过电压为 2.2963p.u.，220kV 母线侧最大过电压为

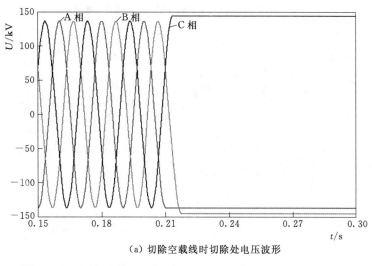

（a）切除空载线时切除处电压波形

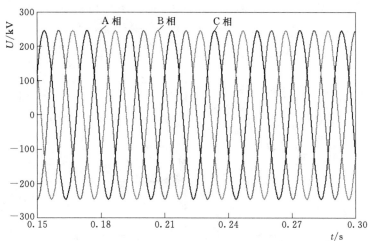

（b）切除空载线路时 220kV 母线侧电压波形

图 5.4 （一） 切除空载线路时各测点过电压波形

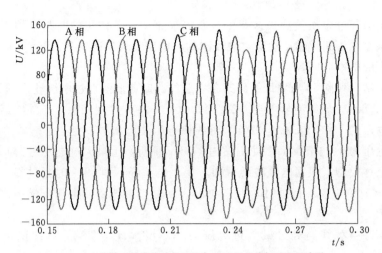

（c）切除空载线路时龙里站内 110kV 母线侧过电压波形

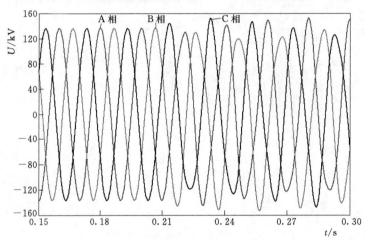

（d）切除空载线路时龙山站内 110kV 母线侧过电压波形

图 5.4（二）　切除空载线路时各测点过电压波形

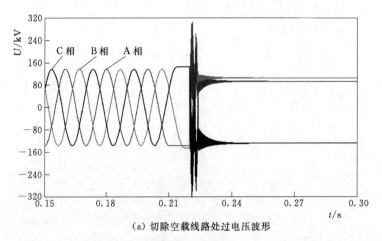

（a）切除空载线路处过电压波形

图 5.5（一）　切除空载线路时线路重燃一次时各测点过电压波形

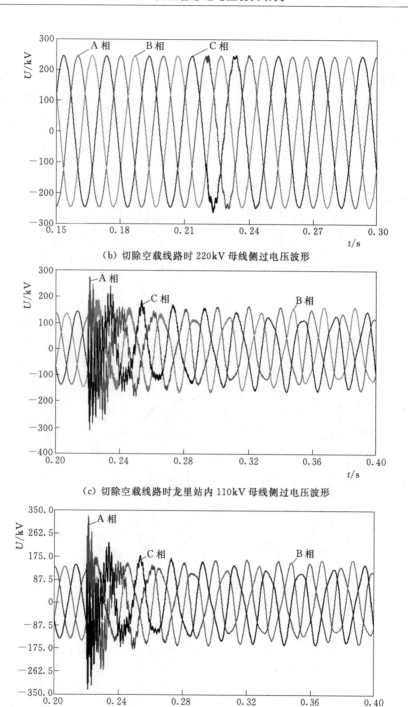

（b）切除空载线路时 220kV 母线侧过电压波形

（c）切除空载线路时龙里站内 110kV 母线侧过电压波形

（d）切除空载线路时龙山站内 110kV 母线侧过电压波形

图 5.5（二） 切除空载线路时线路重燃一次时各测点过电压波形

1.0613p.u.，龙里站内 110kV 母线侧最大过电压为 2.3015p.u.，龙山站内 110kV 母线侧最大过电压为 2.4632p.u.。

5.2.4　切除负荷

龙里变电站 110kV 侧某线路甩负荷时过电压波形如图 5.6 所示，$t=0.207$s 时刻切除负荷，其中，甩负荷线路最大过电压 1.40p.u.，220kV 母线侧最大过电压为 1.0690p.u.，龙里站内 110kV 母线侧最大过电压为 1.32p.u.，龙山站内 110kV 母线侧最大过电压为 1.35p.u.。

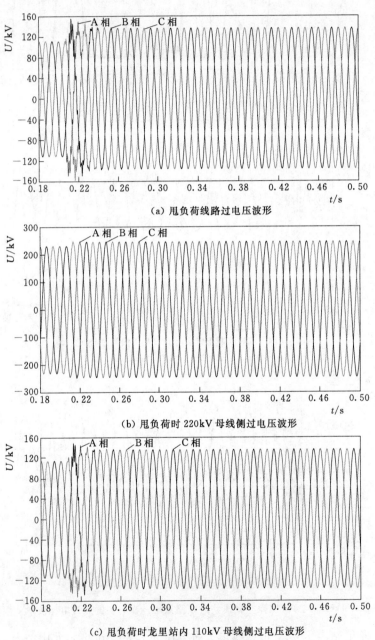

(a) 甩负荷线路过电压波形

(b) 甩负荷时 220kV 母线侧过电压波形

(c) 甩负荷时龙里站内 110kV 母线侧过电压波形

图 5.6（一）　切除负载时各测点过电压波形

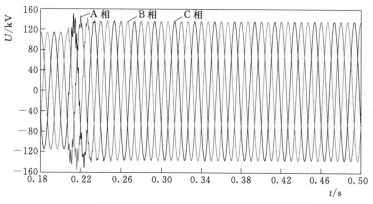

(d) 甩负荷时龙山站内 110kV 母线侧过电压波形

图 5.6（二） 切除负载时各测点过电压波形

5.2.5 单相接地故障

龙里 220kV 变电站 110kV 线路侧遭受直击雷电波入侵过电压如图 5.7 所示。雷电流幅值为 208kA，波头 1.2μs，波尾 50μs，雷击时刻为 $t=0.1s$，A 相接地，计算过程未考虑避雷器。其中，雷击点最大过电压为 1.67p.u.，线路首端最大电压为 1.62p.u.，线路末端最大过电压为 2.18p.u.，220kV 侧母线处最大过电压为 1.03p.u.，龙里站 110kV 侧母线处最大过电压为 1.54p.u.，龙山站内 110kV 侧母线处最大过电压为 1.58p.u.。

仿真中考虑保护动作时间分别为故障发生后 5ms、10ms、15ms、20ms，故首端断路器主触点分段时间为故障时间为 0.005～0.020s，考虑到线路的要求和实际情况，线路首末端断路器设置为同时跳闸，重合闸时间设定为故障 0.8s 以后。从线路遭受雷击到线路跳闸再到故障消失后的重合闸，整个过程中各监测点过电压波形如图 5.8 所示。重合闸过程中，雷击处最大过电压 1.94p.u.，线路首端最大过电压为 1.78p.u.，线路末端最大过电压为 2.22p.u.，220kV 母线侧最大过电压为 1.02p.u.，龙里站内 110kV 母线侧最大过电压为 1.78p.u.，龙山站内 110kV 母线侧最大过电压为 2.12p.u.。

5.2.6 雷电过电压

电网中的事故以线路雷害占大部分。雷击线路，沿线路入侵变电所的雷电波又是造成变电所事故的重要因素。

考虑到在存在避雷线的情况下，雷电绕过避雷线直击导线的概率是很小的，因此不对直击导线的情况进行仿真。仿真过程中雷电流幅值 108kA，线路两端安装避雷器。雷击塔顶后各监测点处电压波形如图 5.9 所示。

雷击杆塔附近避雷线过电压波形如图 5.10 所示。

雷击避雷线档距中央各点过电压波形如图 5.11 所示。

雷电直击不同杆塔时各监测点处最大过电压值见表 5.1，由结果可知，雷击 110kV 母线侧线路时，220kV 处电压波形基本不发生变化，而雷击距离母线最近的杆塔（1 号杆塔）处时，龙里站及龙山站内 110kV 母线侧产生的雷电过电压值最大，而对于发生雷击

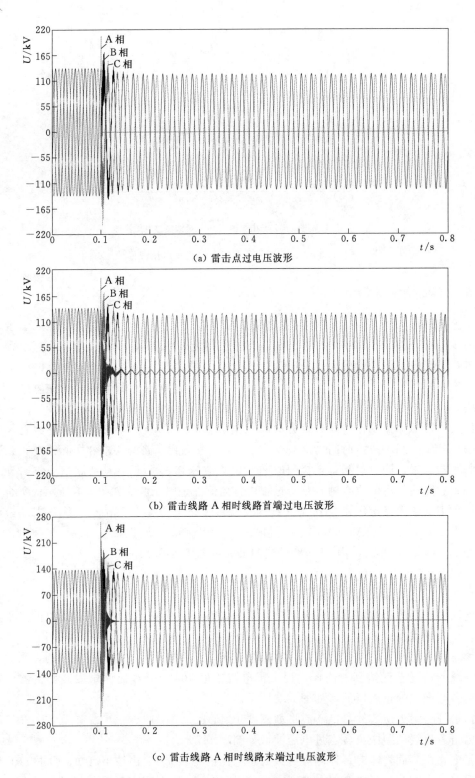

（a）雷击点过电压波形

（b）雷击线路 A 相时线路首端过电压波形

（c）雷击线路 A 相时线路末端过电压波形

图 5.7（一） 雷击线路 A 相时各测点过电压波形

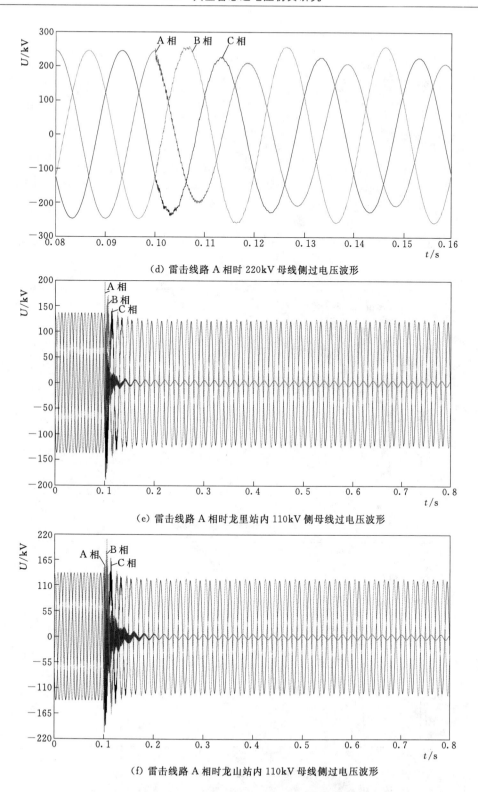

（d）雷击线路 A 相时 220kV 母线侧过电压波形

（e）雷击线路 A 相时龙里站内 110kV 侧母线过电压波形

（f）雷击线路 A 相时龙山站内 110kV 母线侧过电压波形

图 5.7（二） 雷击线路 A 相时各测点过电压波形

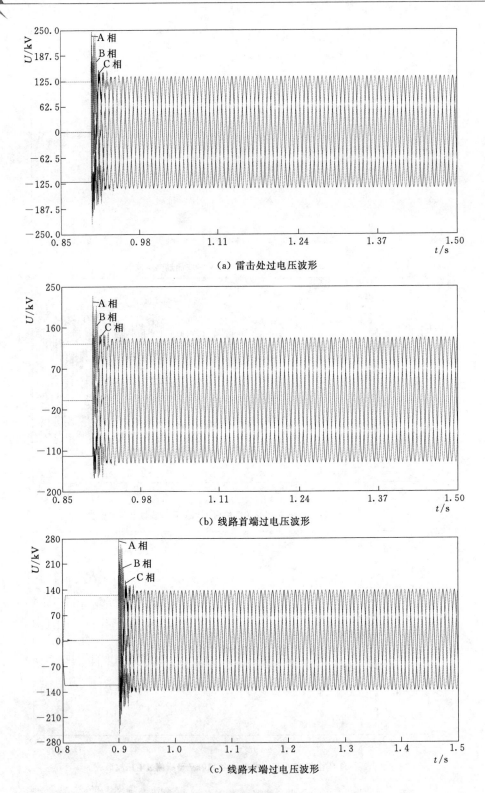

（a）雷击处过电压波形

（b）线路首端过电压波形

（c）线路末端过电压波形

图 5.8（一）　龙里站内 110kV 侧线路遭受雷击跳闸又重合闸过程中各监测点过电压波形

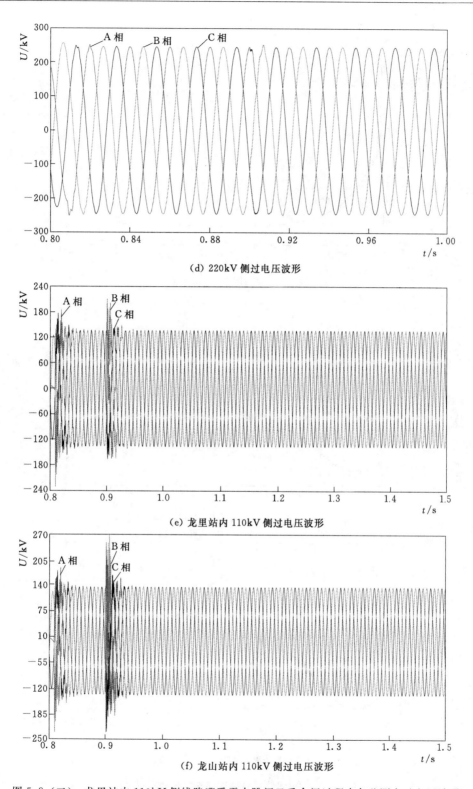

(d) 220kV 侧过电压波形

(e) 龙里站内 110kV 侧过电压波形

(f) 龙山站内 110kV 侧过电压波形

图 5.8（二） 龙里站内 110kV 侧线路遭受雷击跳闸又重合闸过程中各监测点过电压波形

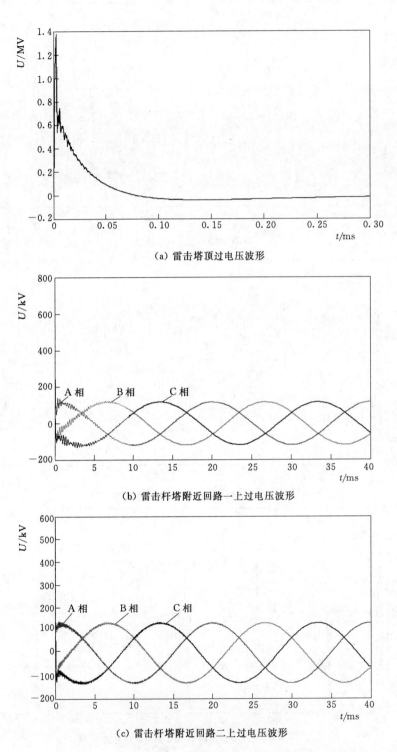

（a）雷击塔顶过电压波形

（b）雷击杆塔附近回路一上过电压波形

（c）雷击杆塔附近回路二上过电压波形

图 5.9（一）　雷击线路 3 号杆塔顶部时各测点过电压波形

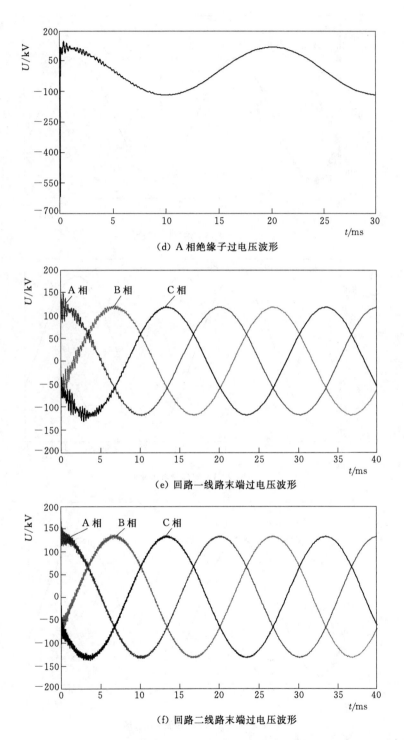

（d）A 相绝缘子过电压波形

（e）回路一线路末端过电压波形

（f）回路二线路末端过电压波形

图 5.9（二） 雷击线路 3 号杆塔顶部时各测点过电压波形

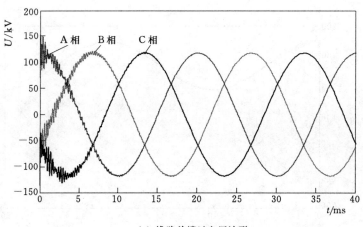

（g）线路首端过电压波形

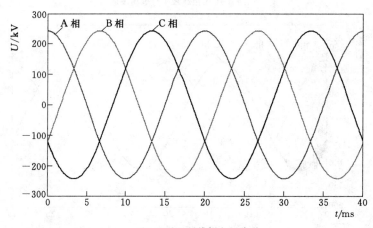

（h）220kV 母线侧电压波形

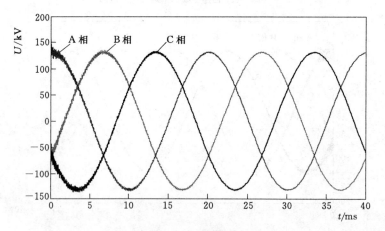

（i）龙里站 110kV 母线侧电压波形

图 5.9 （三）　雷击线路 3 号杆塔顶部时各测点过电压波形

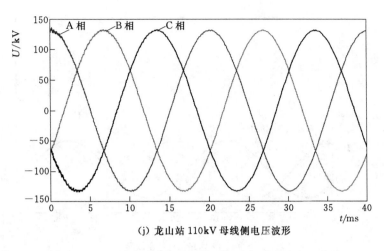

（j）龙山站 110kV 母线侧电压波形

图 5.9（四） 雷击线路 3 号杆塔顶部时各测点过电压波形

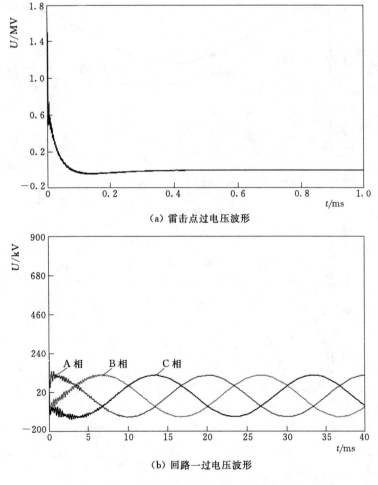

（a）雷击点过电压波形

（b）回路一过电压波形

图 5.10（一） 雷击杆塔附近避雷线各监测点过电压

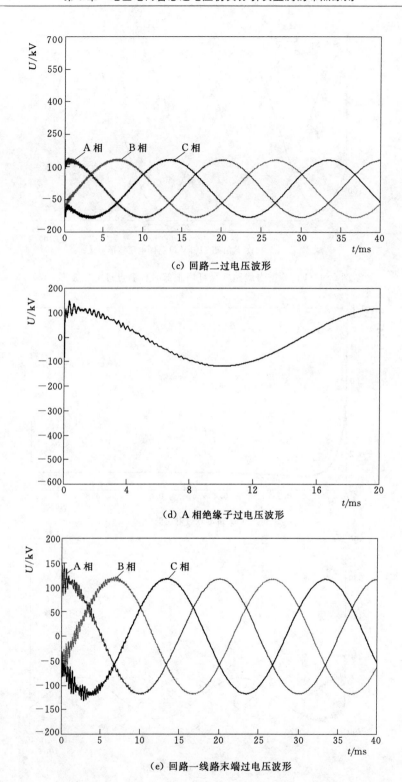

（c）回路二过电压波形

（d）A 相绝缘子过电压波形

（e）回路一线路末端过电压波形

图 5.10（二）　雷击杆塔附近避雷线各监测点过电压

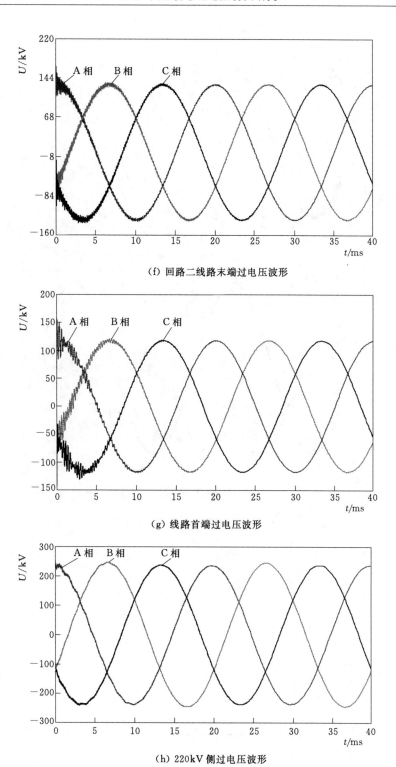

(f) 回路二线路末端过电压波形

(g) 线路首端过电压波形

(h) 220kV 侧过电压波形

图 5.10（三） 雷击杆塔附近避雷线各监测点过电压

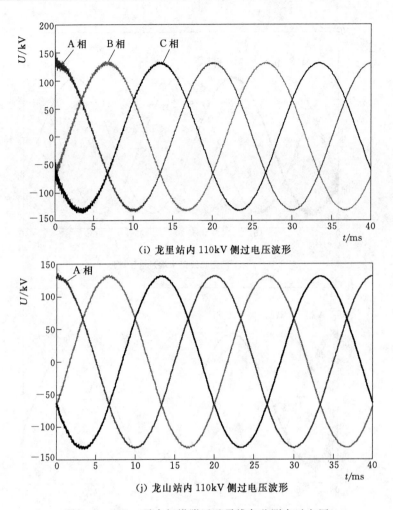

(i) 龙里站内 110kV 侧过电压波形

(j) 龙山站内 110kV 侧过电压波形

图 5.10（四）　雷击杆塔附近避雷线各监测点过电压

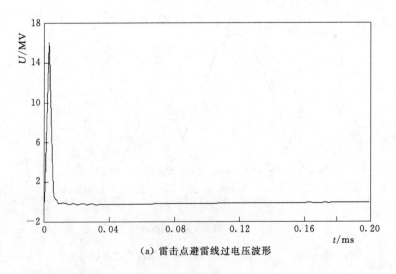

（a）雷击点避雷线过电压波形

图 5.11（一）　雷击避雷线档距中央各点过电压波形

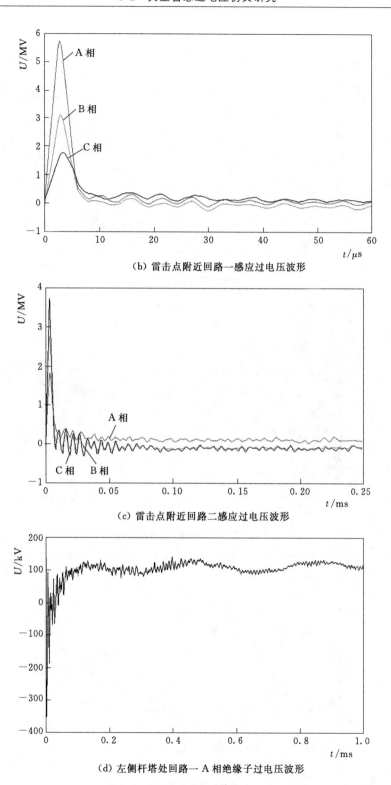

（b）雷击点附近回路一感应过电压波形

（c）雷击点附近回路二感应过电压波形

（d）左侧杆塔处回路一 A 相绝缘子过电压波形

图 5.11（二）　雷击避雷线档距中央各点过电压波形

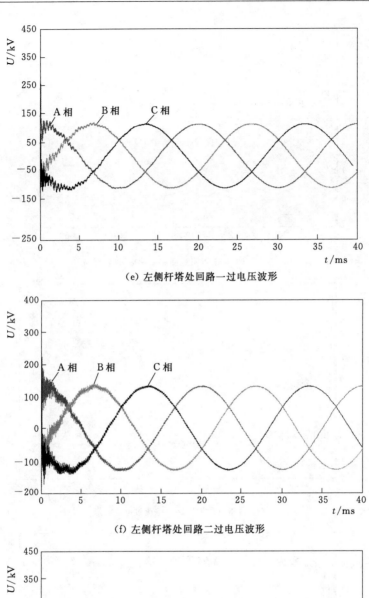

（e）左侧杆塔处回路一过电压波形

（f）左侧杆塔处回路二过电压波形

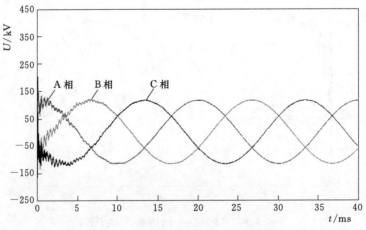

（g）右侧杆塔处回路一过电压波形

图 5.11（三）　雷击避雷线档距中央各点过电压波形

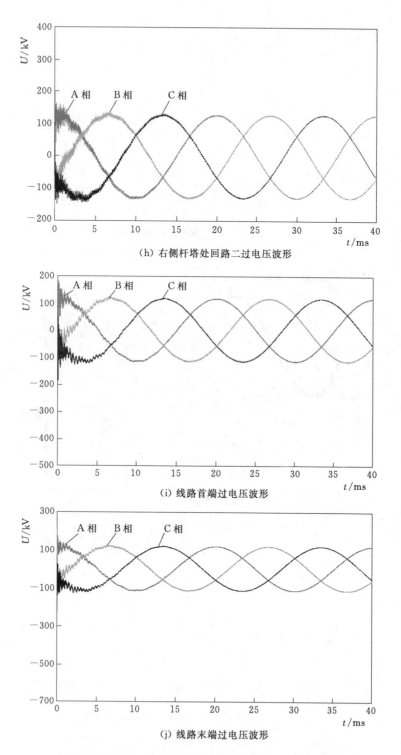

（h）右侧杆塔处回路二过电压波形

（i）线路首端过电压波形

（j）线路末端过电压波形

图 5.11（四） 雷击避雷线档距中央各点过电压波形

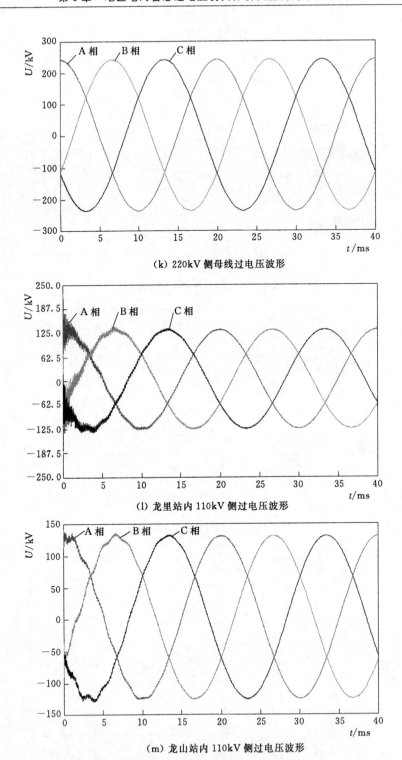

(k) 220kV 侧母线过电压波形

(l) 龙里站内 110kV 侧过电压波形

(m) 龙山站内 110kV 侧过电压波形

图 5.11（五）　雷击避雷线档距中央各点过电压波形

的线路来说，雷击首末端时线路上产生的最大过电压最严重。

表 5.1　　　　　　　　　不同位置雷直击杆塔顶部各测点过电压　　　　　　单位：p. u.

杆塔编号	测 点 位 置				
	雷击线路首端最大过电压	雷击线路末端最大过电压	龙里站 220kV 母线最大过电压	龙里站 110kV 母线最大过电压	龙山站 110kV 母线最大过电压
1	7.7385	3.1008	1.0207	2.9231	1.4122
2	1.6889	1.8319	1.0037	1.3182	1.0909
3	1.3866	2.1681	1.0021	1.1769	1.0382
4	1.2395	2.0427	1.0024	1.1527	1.0733
5	1.3697	6.1021	1.0016	1.2031	1.1453

　　雷电直击杆塔附近避雷线时，各监测点最大过电压值见表 5.2。由结果可知，雷击 110kV 母线侧线路时，220kV 处电压波形基本不发生变化。雷击在线路首末端杆塔附近避雷线时，龙里站内 110kV 母线侧产生最大过电压，而对于遭受雷击的线路来说，首末端遭受雷击时过电压最严重。

表 5.2　　　　　　　　不同位置雷直击杆塔附近避雷线各测点过电压　　　　单位：p. u.

杆塔编号	测 点 位 置				
	雷击线路首端最大过电压	雷击线路末端最大过电压	龙里站 220kV 母线最大过电压	龙里站 110kV 母线最大过电压	龙山站 110kV 母线最大过电压
1	9.2437	3.2353	1.0213	3.0985	1.3636
2	1.5798	1.9328	1.0032	1.3258	1.1061
3	1.4706	2.2751	1.0025	1.1212	1.0303
4	1.3173	2.1521	1.0029	1.1450	1.0611
5	1.2333	7.2917	1.0017	1.2077	1.1538

　　雷击发生在避雷线档距中央时，各监测点最大过电压值见表 5.3。由结果可知，雷击 110kV 母线侧线路时，220kV 处电压波形基本不发生变化（但较前两种情况来说波动大一些）。避雷线档距中央处的雷击发生在线路首端时，由于雷击对龙里站以及龙山站内 110kV 侧母线上产生的过电压最严重。而对于遭受雷击的线路来说，首端在雷击距离龙里变电站 1.5km 处时产生最严重的过电压，而线路末端则在雷击距离龙里变电站 3.5km 处时产生最严重的过电压，线路全长 5km。

表 5.3　　　　　　　　不同位置雷直击避雷线档距中部各测点过电压

距母线距离/km	测 点 位 置				
	雷击线路首端最大过电压/p. u.	雷击线路末端最大过电压/p. u.	龙里站 220kV 母线最大过电压/p. u.	龙里站 110kV 母线最大过电压/p. u.	龙山站 110kV 母线最大过电压/p. u.
1.5	4.1322	4.3719	1.0161	2.7045	1.2824
2.5	3.7479	4.8823	1.0053	2.0833	1.1061
3.5	3.4545	5.1983	1.0083	1.8868	1.0415
4.5	3.2101	4.1322	1.0037	1.6061	1.1212

5.3　暂态过电压监测的变电站选取原则

暂态过电压监测变电站的选取主要要考虑地理位置、电压等级等因素，其电压等级主要分布覆盖 110kV、220kV、500kV，地理位置则考虑市中心、城镇、农村、山区等。考虑地理位置不同，变电站遭受雷电过电压的概率也大有差异，因此监测变电站的选取也需要具有一定的针对性。

5.4　变电站内监测点的选点实施原则

站内监测点主要根据变电站内母线、通信基站、主要设备等因素。包括变压器区域，气体绝缘开关 GIS（Gas Insulated Station）区域、断路器及隔离开关区域、无功补偿区域等。500kV 站电压等级高，设备多，站内面积大，而 110kV 站面积小，在选点上高电压等级变电站测点数目占比高。

5.5　本　章　小　结

本章主要利用 ATP/EMTP 软件仿真分析了贵州龙里 220kV 变电站站内 110kV 母线侧投切空载变压器、合闸空载线路、切除某空载线路、110kV 侧某线路切除负荷、110kV 线路遭受直击雷电波造成单相接地故障产生的过电压以及其他雷击过电压的波形情况，根据仿真数据可为实际暂态过电压的监测提供参考。对于监测而言，本章提出了暂态过电压监测变电站的选取原则以及站内监测点的选点实施原则。

第6章 区域过电压实测数据分析

6.1 概 述

本章选取地区电网过电压暂态在线监测系统在龙里 220kV 变电站和龙山 110kV 变电站的实际运行期间，实际捕捉到的几次典型的操作过电压和雷电过电压过程的波形，并将仿真结果与实测结果进行了比较、分析。

6.2 暂态过电压实测波形

6.2.1 线路分闸过电压波形

2015 年 11 月 30 日 12 时 28 分，龙山变进行龙龙黑 Ⅱ 回线路分闸操作，该系统 102 测点暂态电压监测系统捕获记录的波形如图 6.1 所示。

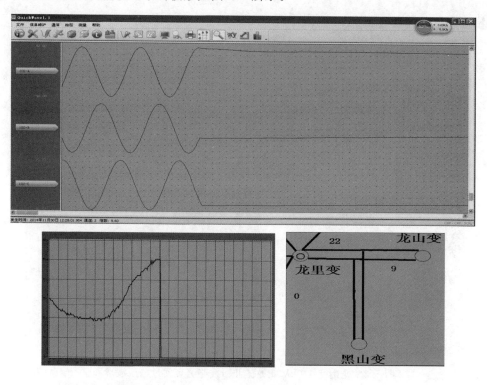

图 6.1 龙山变进行龙龙黑 Ⅱ 回线路分闸操作记录波形及负荷变化曲线

6.2.2　线路合闸过电压波形

2015 年 12 月 1 日 4 时 1 分 52 秒，该系统捕获龙山变 110kV 龙龙黑Ⅱ回线路侧合闸过电压波形和 110kVⅠ段母线上过电压波形，通过线路运行负荷变化查询、波形分析查询推断该波形为黑山变 102 开关倒闸操作波形（空载合闸线路）。

图 6.2 为该线路由停用转运行在 110kVⅡ母线侧监测到的倒闸操作过电压波形，其波前持续时间 42.238μs，最高幅值为 180.27kV，1.75p.u.，持续 5.1ms 左右，等效频率相

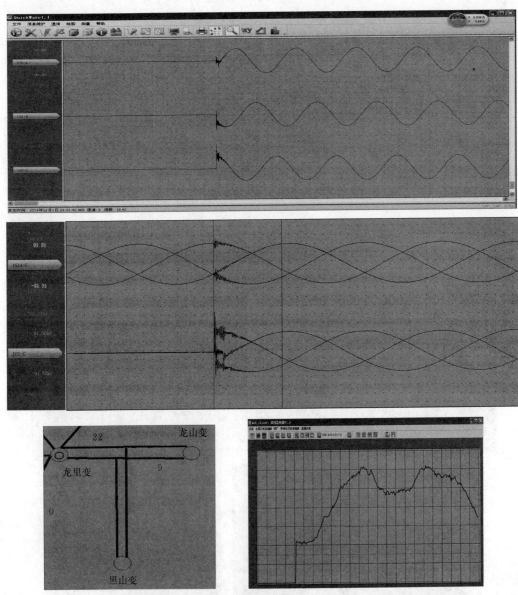

图 6.2　龙山变 110kV 龙龙黑Ⅱ回线路侧合闸过电压波形和
110kVⅠ段母线上过电压波形及负荷变化曲线

对较低，一般在 20kHz 以下。

与仿真结果比较，过电压倍数接近仿真结果，波形特征类似，但振荡的持续时间短于仿真结果。

6.2.3 雷击过电压波形

2014 年 9 月 29 日 3 时 36 分，该系统捕获到龙里 110kV 侧 I、II 母线过电压波形，通过线路运行负荷变化查询、波形分析及线路运行记录推断该波形为感应雷过电压波形，分析主要为感应雷侵入波，其波头上升时间为 1.195μs，波形衰减振荡时间为 3.59ms，A 相最高幅值达 223.42kV，2.17p.u.，如图 6.3 所示。

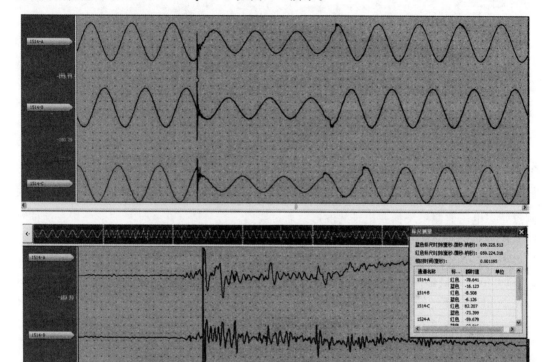

图 6.3　龙里 110kV 侧 I、II 母线过电压波形

经检查线路运行记录，当日 3 时 36 分龙里变 110kV 旧里牵线 103 开关因雷击造成保护动作开关跳闸，重合成功，保护测距 15.8km，C 相故障，检查设备无异常。后线路运行部门于 10 月 9 日经故障巡视发现，旧里牵龙牵 II T 线 10 号耐张塔因雷击造成 C 相后侧第一片遭雷击而引起线路跳闸。

记录的过电压最大值小于仿真计算的最大值，特征类似，是由振荡波形构成，但由于仿真的情况与实际情况可能差别较大，波形不具有可比性。

6.2.4　220kV 侧分闸过电压波形

2015 年 11 月 21 日 9 时 40 分，龙里变 220kV 醒龙 I 回线 203 断路器分闸操作，该系统 203 测点暂态电压监测系统捕获记录的波形如图 6.4 所示。

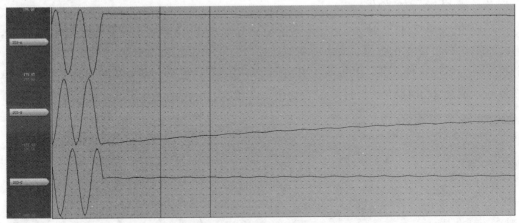

图 6.4　龙里变 220kV 醒龙 I 回线 203 断路器分闸操作

6.2.5　220kV 侧合空载线路过电压波形

2015 年 11 月 21 日 19 时 55 分，龙里变 220kV 醒龙 I 回线路侧合闸操作，该系统 203 测点暂态电压监测系统捕获记录的波形。通过线路运行负荷变化查询、波形分析查询推断该波形为龙里变 203 开关倒闸操作波形（空载合闸线路）。

图 6.5 为该线路由停用转运行时的倒闸操作过电压波形，其波前持续时间 139.792μs，最高幅值为 338.41kV，1.64p.u.，持续 20ms 左右，等效频率相对较低，一般在 25kHz 以下。

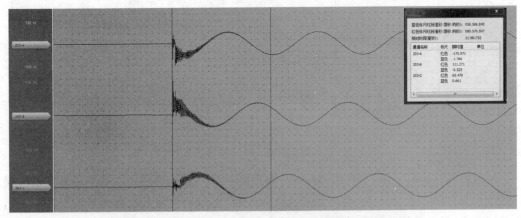

图 6.5　龙里变 220kV 醒龙 I 回线路侧合闸操作记录波形

6.2.6　220kV 对端变电站开关合闸操作过电压波形

2016 年 8 月 26 日 21 时 35 分，龙里变 203 测点暂态电压监测系统捕获记录醒龙 I 回线路过电压波形。经查证线路运行检查记录及变电值班记录，已核实为该线路对侧 500kV 醒狮变电站内 220kV 醒筑Ⅰ回线路 207 开关合闸过电压传导到龙里变醒龙Ⅰ回线路对侧，其中醒龙Ⅰ回线路长度约 18km。

　　图 6.6 为该线路监测到的对侧变电站开关合闸操作过电压经输电线路传导的过电压波形，其波前持续时间 126.22μs，最高幅值为 473.43kV，2.3p.u.，持续 12.3ms 左右，并伴有高频振荡衰减信号。其中，由于 A 相合闸时正处于工频电压过零点，因此过电压幅值较低；B、C 两相分别处于工频电压正负峰值附近，过电压幅值较大。

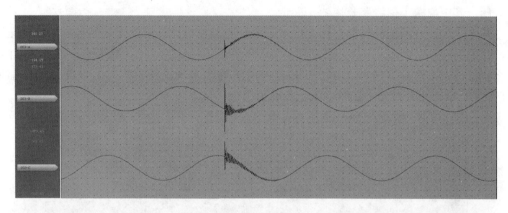

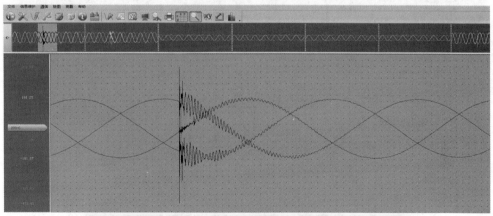

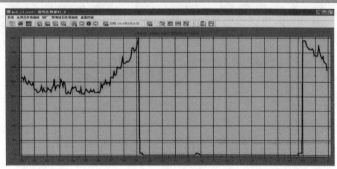

图 6.6　龙里变 203 测点暂态电压监测系统捕获记录醒龙
Ⅰ回线路过电压波形及其局部放大图、负荷变化曲线图

因未对 220kV 对侧变电站投切线路进行仿真计算，但其波形特征与合闸空载线路相似，只是振荡时间小于仿真结果。

6.2.7　220kV 对端变电站开关合闸操作过电压波形

2016 年 8 月 27 日 17 时 55 分，龙里变 203 测点暂态电压监测系统捕获记录醒龙 I 回线路过电压波形。经查证线路运行检查记录及变电值班记录，已核实为该线路对侧 500kV 醒狮变电站内 220kV 醒筑 II 回线路 208 开关合闸过电压传导到龙里变醒龙 I 回线路对侧，其中醒龙 I 回线路长度约 18km。

图 6.7 为该线路监测到的对侧变电站开关合闸操作过电压经输电线路传导的过电压波形，其波前持续时间 130.4μs，最高幅值为 255.96kV，1.24p.u.，持续 16ms 左右，并伴有高频振荡衰减信号。其中，由于 B 相合闸时正处于工频电压过零点，因此过电压幅值较低；A、C 两相分别处于工频电压正负峰值附近，过电压幅值较大。

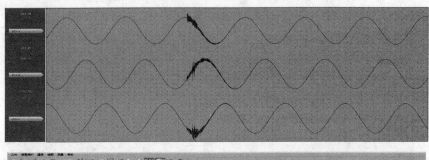

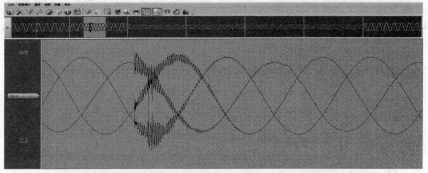

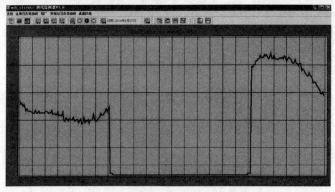

图 6.7　龙里变 203 测点暂态电压监测系统捕获记录醒龙 I 回线路
过电压及其局部放大图、负荷变化曲线图

6.3 合闸操作过电压

根据变电站记录，2014 年 11 月 21 日 19 时 55 分，龙里变 220kV 醒龙 I 回线路侧合闸操作，图 6.8 为在对应测点暂态电压监测系统捕获记录的波形。其波前持续时间 42.2μs，最大过电压为 1.761p. u.，震荡持续 4.9ms 左右，等效频率在 20kHz 以下。

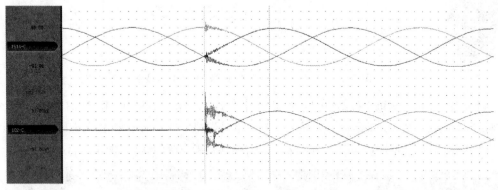

图 6.8 龙里变 220kV 醒龙 I 回线路侧合闸操作记录波形

合闸空载线路时线路首端过电压对应的操作过电压仿真波形如图 6.9 所示，合闸线路首端（靠近龙里站 110kV 母线侧）过电压幅值为 1.7786p. u.。过电压倍数接近实测结果，波形特征类似。

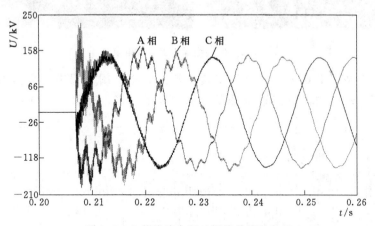

图 6.9 空载线路合闸时线路首端过电压

6.4 雷电过电压

2014 年 9 月 29 日 3 时 36 分，龙里 110kV 侧母线上发生雷电过电压，波形如图 6.10 所示，过电压在线监测系统捕获到其波头的上升时间为 1.201μs，衰减振荡时间 3.49ms，相过电压最大值为 2.168p. u.。

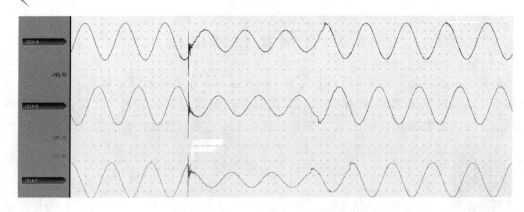

图 6.10 龙里站 110kV 侧母线雷电过电压波形

通过局域网内的雷电定位系统记录查询，当日 3 时 36 分，龙里站 110kV 旧里牵线 103 开关因雷击造成保护动作开关跳闸，并重合成功。事后巡视发现，旧里牵龙牵线 10 号耐张塔上的玻璃绝缘子有烧蚀痕迹，如图 6.11 所示。与过电压监测系统的保护测距误差不大。

图 6.11 玻璃绝缘子上的放电痕迹

本书对龙里站内 110kV 侧线路遭受雷击跳闸又重合闸过程中对应监测点过电压波形进行了仿真，对应的雷电路过电压仿真波形如图 6.12 所示，雷电直击杆塔避雷线

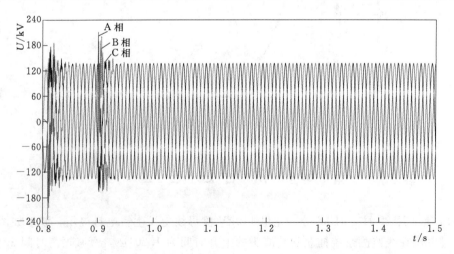

图 6.12 龙里站内 110kV 侧线路遭受雷击跳闸又重合闸过程中对应监测点过电压波形

时，雷击过电压的波头上升时间为 $1.103\mu s$，相过电压最大值为 1.94p.u.。仿真所得过电压倍数接近实测结果，由于仿真的情况与实际情况可能差别较大，波形趋势存在一定区别。

6.5 本 章 小 结

本章将仿真结果与龙里站、龙山站实测数据进行对比分析，线路分合闸时的过电压倍数与仿真结果波形特征类似，振荡时间短于仿真结果；对于雷击过电压而言，记录的最大值小于仿真计算的最大值，但波形不具可比性，同时其他情况下的仿真与记录数据均存在一定的差异，差异程度也不同，根据二者对比分析，可验证不同情况下仿真的可参考性。

第7章 地区电网的暂态过电压的防治与治理措施

7.1 概　　述

过电压一旦发生，往往会造成设备损坏和大面积停电事故，是危害电力系统运行安全的主要因素之一，过电压的数值与电力网的结构、系统容量及参数、中性点接地方式以及断路器性能等相关。对于外部过电压，一般采用避雷针、避雷线、避雷器等方法限制，而对于内部过电压，可针对操作过程中产生过电压的形式采取不同的控制措施，例如对于谐振过电压，可并联电阻或改变系统运行参数等加以限制。对于各不同地区电网的暂态过电压的防治和治理要具有经济性与有效性，以及相应的针对性。

7.2 参　考　标　准

掌握电网的过电压实际情况，采取差异化的防雷措施，在设计阶段、建设阶段、运行阶段采用相对应的措施，形成具有地区电网特点的实施规范，在保证合理经济性的基础上，才能在取得良好的效果。

下列标准为电网防雷设计主要参考与依据的标准。

《交流电气装置的过电压保护和绝缘配合设计规范》（GB/T 50064—2014）

《交流电气装置的接地设计规范》（GB/T 50065—2011）

《110kV～750kV架空输电线路施工及验收规范》（GB 50233—2014）

《电气装置安装工程　接地装置施工及验收规范》（GB 50169—2016）

《110kV～750kV架空输电线路设计规范》（GB 50545—2010）

《接地系统的土壤电阻率、接地阻抗和地面电位测量导则 第1部分：常规测量》（GB/T 17949.1—2000）

《建筑物防雷设计规范》（GB 50057—2010）

《66kV及以下架空电力线路设计规范》（GB 50061—2010）

《220kV～500kV紧凑型架空输电线路设计技术规定》（DL/T 5217—2013）

《架空输电线路运行规程》（DL/T 741—2010）

《接地装置特性参数测量导则》（DL/T 475—2017）

《杆塔工频接地电阻测量》（DL/T 887—2004）

《交流架空输电线路绝缘子并联间隙使用导则》（DL/T 1293—2013）

《35kV～500kV交流输电线路装备技术导则》（Q/CSG 1203004.2—2015）

《架空线路及电缆运行管理标准》（Q/CSG 2 0002—2004）

《贵州电网设备风险管理办法（修订）》（Q/CSG‐GZPG 211009—2014）

7.3 暂态过电压的防治

7.3.1 防雷管理工作要求

7.3.1.1 设计阶段

（1）设计单位应贯彻国家及电力行业有关防雷的设计技术规程、标准要求，并必须满足南方电网公司或省公司有关防雷的技术标准、规程规范和反事故技术措施，确保输电线路的防雷保护设计符合当地线路安全运行的需要。

（2）输电线路防雷设计应以贵州电网雷电地闪密度分布图为基础，充分利用雷电定位系统等雷电监测资料，并结合当地已有线路的运行经验、地区雷电活动的强弱、地形地貌特点及土壤电阻率高低等情况，合理配置防雷设施。

（3）架空输电线路走廊规划时，应对穿越地区的雷电活动情况进行调研，原则上应尽量避开雷电活动强烈地区。若设计线路无法避开雷电活动强烈地区，则在线路经过该地区的区段加强其防雷设计水平。

（4）线路设计阶段应将杆塔 GPS 坐标输入到雷电定位系统，查询统计出线路走廊雷电活动历史数据，并结合线路走廊附近其他线路运行情况，针对线路雷电活动强烈区段进行差异化防雷设计。

（5）对雷击频发地区的线路应根据本单位生产设备管理部门的意见通过提高防雷设计标准，如采取加强绝缘、减小保护角、安装线路避雷器、减小接地电阻等措施，提高输电线路的耐雷水平。

（6）对同塔多回线路，设计单位应采取基础防雷措施，如改善接地、适当加强绝缘等，加强防雷设计，确保线路绝缘水平和反击耐雷水平达到目标要求。

（7）运行单位应根据雷电定位系统或气象资料统计出雷电活动强烈地区，并结合实际运行经验统计出线路易受雷击段。

（8）设备运行单位应参与新建（或改建）线路防雷保护设施的设计、审查等工作，根据本地区的运行经验，对输电线路的屏蔽保护、接地装置、线路避雷器以及进线段保护等项目设计及其可靠性进行审查。对雷击频发地区的线路按照差异化防雷的思想进行防雷设计，可提出提高线路的防雷设计标准等措施。

（9）设备运行单位应对包括塔顶避雷针、避雷线、线路避雷器、耦合地线以及其他新型或非常规防雷设施等的设计和选用合理性进行逐一核查，必要时向设计、基建单位提出修改意见和建议。

（10）生产设备管理部门应根据长期运行经验以及电网发展的需要，对输电线路的接地装置的设计参数、选材和施工工艺进行审查和提出建议。对雷击频发地区的线路应提出更高的接地装置设计标准等措施。

7.3.1.2 建设阶段

（1）为了保证新建输电线路的耐雷水平，基建部门应严格执行设计及施工标准。运行单位的相关技术人员应配合或参与电力建设质量监督机构组织的质量监督工作。

（2）对于输电线路防雷保护设施的施工，应严格按照设计要求进行，并执行工程监理制。没有实行工程监理制的工程，运行单位应选派有经验的质检人员到施工现场，做好工程质量的检查和验收。

（3）对于隐蔽性的杆塔接地装置的施工，基建及运行单位均应按照《电气装置安装工程　接地装置施工及验收规范》（GB 50169—2016）等有关技术规范进行施工，确保接地极及接地线的敷设和焊接质量。接地装置覆土前必须经监理单位或运行单位验收合格后方可覆盖。

（4）运行单位可以独自或会同施工单位对部分杆塔进行抽查，对不符合设计、施工、验收规范或未按设计要求进行施工的工程项目，应提出建议并限期整改，施工单位交给生产管理部门和运行维护单位的工程项目应是整改合格后的工程。

（5）在新建线路终勘定位阶段，设计单位应测量所有杆塔的坐标资料，并提供给运行单位。在施工过程中如果出现线路改线，要在改线方案确定后，提交新的坐标给建设单位。建设单位应在线路投运前与竣工资料一起移交给线路运行单位。

7.3.1.3　运行阶段

（1）防雷设备台账管理要求。建立健全线路防雷基础资料及防雷装置台账，每年雷雨季节前完成线路避雷器等防雷装置计数器读数，结合线路巡视周期完成避雷器等防雷装置计数器读数，并开展年度分析。

（2）防雷预试管理要求。运行单位应根据《电力设备预防性试验规程》（Q/CSG 114002—2011）以及线路的运行状况开展防雷预试工作。运行单位应制定输电线路防雷预防性试验滚动及年度计划（包括输电线路杆塔接地装置、线路避雷器、绝缘子检测），并按要求格式于1月初报送至公司设备管理部与电科院存档备案，每季度末将预试计划的完成情况报送至电科院。电科院对各运行单位的防雷预试工作的开展情况进行跟进汇总，必要时进行现场抽查。

（3）雷击跳闸故障查找、处理及分析要求。

1）线路发生雷击跳闸后应在雷电定位系统、故障录波器等装置指导下迅速查明雷击故障点，复测地网电阻，记录现场雷击情况并上报生产设备管理部、电科院及调度等部门。及时更换雷击闪络的复合绝缘子和雷击损坏的瓷、玻璃绝缘子。雷击引起掉串、掉线等事故（件）应设法保护现场。对所发现的可能造成故障的所有物件应搜集带回，并对故障现场情况做好详细记录，以作为事故分析的依据和参考，认真进行线路雷击事故的调查分析工作。

2）雷击跳闸故障点查明后24h内，各线路管辖单位上报初步分析报告（含现场情况说明、照片及初步原因分析）到电科院及公司设备部；7日内（故障点查明后）上报完整版跳闸分析报告及附表。不定期编制典型雷击跳闸分析报告形成培训资料，发各级线路运维人员学习。

3）雷击跳闸后应组织分析原因，评价线路防雷现状和已有防雷设备运行效果。包括：①雷击跳闸发生后应组织跳闸原因调查，收集实时气象资料，并对杆塔耐雷水平进行计算，结合现场情况分析跳闸的原因，对相关资料进行存档，建立线路防雷数据库，数据库应每季度或半年进行更新，便于相关单位（部门）实时查询；②每年均应对线路当年雷击跳闸情况进行统计分析，重新划分线路易受雷击段，提出有针对性的防雷措施并实施。

（4）差异化防雷运维策略制定及实施。运行单位应充分利用雷电定位系统和气象信息应用决策系统开展输电线路差异化防雷工作。根据线路沿线的地形地貌、雷电活动及运行经验等因素划分线路的雷害多发区（易受雷击段），并制定差异化防雷运维策略，应加强雷害多发区输电线路运行维护，必要时可适当提高杆塔的接地电阻标准。对多年平均雷击跳闸率超过规程容许范围的线路，要求找出易受雷击段、易受雷击点，采取改善接地、加强绝缘、安装线路避雷器等综合防雷措施，提高线路防雷可靠性。

（5）积极采用防雷新技术、新软件和新设备，并对运行效果进行评价。

（6）运行单位每年应对线路防雷工作进行总结，作为线路工作总结的一部分，于当年的12月之前上报公司生产设备管理部。防雷工作总结内容包括：总体及各线路运行指标、典型雷击故障分析、防雷工作开展情况（杆塔地网检测及改造情况、劣化绝缘子检测及更换情况、防雷设施运行情况）、存在问题、工作计划及工作重点。应重视线路防雷工作的运行分析总结工作。总结现有防雷设施的效果，研究更有效的防雷措施；采取防雷措施效果不明显的，认真分析原因，必要时采用综合防雷措施；杆塔地网接地电阻值超标，要分析原因并采取针对性改造措施。

（7）线路投产后1年内运行单位应根据杆塔实测接地电阻值对每基杆塔的反击耐雷水平进行校核，计算线路反击跳闸率和绕击跳闸率的范围。计算反击耐雷水平达不到要求的杆塔，运行单位应作为防雷薄弱点，加强维护。

7.3.1.4 雷电定位系统管理和维护

（1）雷电定位系统应由信通公司专人进行管理，雷雨季节前应完成雷电定位系统主站、探测站、网络、通信检查，确保系统正常运行。

（2）线路投运或变更后，应及时录入杆塔坐标，确保杆塔坐标的准确性。应对雷电定位系统进行技术改造，与输电 GIS 系统进行数据整合和交互，保证在输电 GIS 系统中录入的杆塔信息，能够在雷电定位系统中使用，而不需要二次录入，从而保证两个系统杆塔坐标的一致性、准确性和可用性。

定期做好雷电数据的备份、统计与分析工作，为线路防雷提供依据。定期对雷电相关数据进行统计分析，所有统计分析数据应及时抄送设计、施工、运行、技术管理等单位，有效指导综合防雷工作。

7.3.2 防雷技术工作要求

7.3.2.1 基本原则

（1）为保障输电线路正常运行，降低线路雷击跳闸率，减少雷击事故次数，线路防雷工作必须从设计、设备选型、运行等各阶段采取措施并加强全过程管理，促进防雷工作的规范化、标准化。

（2）在设计、设备选型、运行各阶段，以"差异化防雷"为指导思想，开展架空输电线路防雷工作。

（3）根据差异化防雷技术的要求，以雷电地闪密度分布图为依据，综合考虑线路雷电活动特征、地形地貌特征和杆塔结构特征进行防雷性能评估，明确输电线路雷击风险，采取相应的防雷措施。

（4）地闪密度等级划分：基于地闪密度（N_g）值，将雷电活动频度从弱到强分为 4 个等级，7 个层级：

1）A 级——$N_g < 0.78$ 次/（$km^2 \cdot a$）。

2）B 级——0.78 次/（$km^2 \cdot a$）$\leq N_g < 2.78$ 次/（$km^2 \cdot a$）。

3）C 级——2.78 次/（$km^2 \cdot a$）$\leq N_g < 7.98$ 次/（$km^2 \cdot a$）。

4）D1 级——7.98 次/（$km^2 \cdot a$）$\leq N_g < 11.61$ 次/（$km^2 \cdot a$）。

5）D2 级——11.61 次/（$km^2 \cdot a$）$\leq N_g < 15.5$ 次/（$km^2 \cdot a$）。

6）D3 级——15.5 次/（$km^2 \cdot a$）$\leq N_g < 19.66$ 次/（$km^2 \cdot a$）。

7）D4 级——$N_g \geq 19.66$ 次/（$km^2 \cdot a$）。

其中，A 级为少雷区，对应的平均年雷暴日数不超过 15 天；B 为中雷区，对应的平均年雷暴日数超过 15 天但不超过 40 天；C 级为多雷区，对应的平均年雷暴日数超过 40 天但不超过 90 天；D 级为强雷区，其中 D1 对应的平均年雷暴日数超过 90 天但不超过 120 天，D2 对应的平均年雷暴日数超过 120 天但不超过 150 天，D3 对应的平均年雷暴日数超过 150 天但不超过 180 天，D4 对应的平均年雷暴日数超过 180 天。

7.3.2.2　线路反击耐雷水平

有地线的线路，在一般土壤电阻率地区，其反击耐雷水平不宜低于表 7.1 所列数值。

表 7.1　　　　　　　　　　有地线线路的反击耐雷水平

标称电压/kV	110	220	500
单回/kA	56~68	87~96	158~177
同塔双回/kA	50~61	79~92	142~162

注：反击耐雷水平较高/较低值对应线路杆塔冲击接地电阻 7Ω 和 15Ω；雷击时刻工作电压为峰值且与雷击电流反极性。

7.3.2.3　地线保护角

（1）根据《35kV～500kV 交流输电线路装备技术导则》（Q/CSG 1203004.2—2015）要求，220kV、500kV 线路宜全线架设双地线，110kV 线路宜全线架设地线；无冰区 500kV、220kV 和 110kV 单回线路的地线保护角分别不宜大于 5°、10°、10°。位于少雷区、中雷区，且为 3000m 以上高海拔的重冰区线路区段，可不架设地线；无地线的 110kV 及以上线路，宜在变电站或发电厂的进线段架设 1～2km 地线。

（2）杆塔上两根地线间的距离不应超过导线与地线间垂直距离的 5 倍。

（3）在坡度超过 25°且雷电日大于 40 天的山区各电压等级线路，若降低保护角确有困难，则应使接地电阻降低一个等级，或安装线路避雷器提高耐雷水平。

（4）中、重覆冰区线路的保护角按照《重覆冰架空输电线路设计技术规程》（DL/T 5440—2009）的相关规定实施。重冰区单回路杆塔上地线对边导线的保护角，500kV 输电线路宜不大于 15°，双地线的 220kV 输电线路宜采用 20°左右，110kV 单地线输电线路宜采用 25°左右。重冰区同塔双回或多回路 220kV 及以上线路的保护角均不大于 0°，110kV 线路不大于 10°，重冰区单回路杆塔上地线对地对边导线的保护角 500kV 输电线路宜不大于 10°，双地线的 220kV 输电线路宜采用 15°左右，山区 110kV 单地线输电线路宜采用 20°左右。

（5）运行阶段要求。每年雷雨季节前，应重点检查地线特别是线夹连接情况、锈蚀情况以及是否存在断股、断线、损伤或灼伤等情况，对存在缺陷的地线应及时进行修补、更换。

7.3.2.4 杆塔接地电阻

（1）杆塔接地电阻应满足《电力设备预防性试验规程》（Q/CSG 114002—2011）要求。有避雷线的线路，每基杆塔不连地线的工频接地电阻，在雷季干燥时，不宜超过表 7.2 所列数值。

表 7.2　　　　　　110～500kV 架空线路杆塔工频接地电阻

土壤电阻率/($\Omega \cdot m$)	<100	100～500	500～1000	1000～2000	>2000
接地电阻/Ω	10	15	20	25	30

注：如土壤电阻率超过 2000$\Omega \cdot m$，接地电阻很难降低到 30Ω 时，可采用 6～8 根总长不超过 500m 的放射形接地体或采用连续伸长接地体，其接地电阻不受限制。

（2）同塔多回线路杆塔工频接地电阻按照南方电网公司要求，土壤电阻率高于 2000 $\Omega \cdot m$ 的地区应不高于 20Ω，土壤电阻率低于或等于 2000$\Omega \cdot m$ 的地区应不高于 10Ω。

（3）杆塔土壤电阻率是接地装置设计和改造的依据，设计单位原则上应提供每基杆塔的土壤电阻率，同时提供每基杆塔的接地电阻设计值、对应的杆塔反击耐雷水平和线路设计雷击跳闸率的正常范围。

（4）高土壤电阻率地区，可采取长效稳定的降阻措施，如离子接地体、长效环保型接地体的措施。

（5）安装有避雷针的杆塔接地电阻应小于 10Ω。

（6）交流线路杆塔的接地装置可采用下列型式：

1）在土壤电阻率 $\rho \leqslant 100\Omega \cdot m$ 的潮湿地区，可利用铁塔和钢筋混凝土杆自然接地。对发电厂、变电所的进线段应另设雷电保护接地装置。在居民区，当自然接地电阻符合要求时，可不设人工接地装置。

2）在土壤电阻率 $100\Omega \cdot m < \rho \leqslant 300\Omega \cdot m$ 的地区，除利用铁塔和钢筋混凝土杆的自然接地外，并应增设人工接地装置，接地极埋设深度不宜小于 0.6m。

3）在土壤电阻率 $300\Omega \cdot m < \rho \leqslant 2000\Omega \cdot m$ 的地区，可采用水平敷设的接地装置，接地极埋设深度不宜小于 0.5m。

4）在土壤电阻率 $\rho > 2000\Omega \cdot m$ 的地区，可采用 6～8 根总长度不超过 500m 的放射形接地极或连续伸长接地极。放射形接地极可采用长短结合的方式。接地极埋设深度不宜小于 0.3m。

5）居民区和水田中的接地装置，宜围绕杆塔基础敷设成闭合环形。

6）放射形接地极每根的最大长度应符合表 7.3 的要求。

表 7.3　　　　　　　　　　　放射形接地极每根的最大长度

土壤电阻率/(Ω·m)	≤500	≤1000	≤2000	≤5000
最大长度/m	40	60	80	100

（7）其他要求。

1）钢筋混凝土杆的铁横担、地线支架、爬梯等铁附件与接地引下线应有可靠的电气连接。利用钢筋兼作接地引下线的钢筋混凝土电杆，其钢筋与接地螺母、铁横担或地线支架之间应有可靠的电气连接。

2）外敷的接地引下线可采用镀锌钢绞线，其截面应按热稳定要求选取，且不应小于 $25mm^2$。接地体引出线的截面不应小于 $50mm^2$ 并应进行热稳定验算。引出线表面应进行有效的防腐处理，如热浸镀锌。

（8）运行阶段要求。

1）接地电阻测试方法要求按照《接地系统的土壤电阻率、接地阻抗和地面电位测量导则 第 1 部分：常规测量》（GB/T 17949.1—2000）、《接地装置工频特性参数测量导则》（DL 475—2006）、《杆塔工频接地电阻测量》（DL/T 887—2004）进行。

2）发电厂及变电站进线段 2km 范围内每 2 年进行一次接地电阻的检测工作，其他线路杆塔每 5 年进行一次接地电阻检测工作，对不合格的杆塔地网应在雷雨季节之前进行改造。

3）运行 10 年以上（包括改造后重新运行达到这个年限）的杆塔地网要求按照不低于 3% 的比例抽样开挖检查接地网的腐蚀情况，对历次测量结果进行分析，找出接地电阻变化较大者及时进行改造。新建和改造线路原则上不使用降阻剂；已采用降阻剂的杆塔，每 5 年开挖检查一次。

4）杆塔地网改造所采取的降阻措施须经过技术经济比较，在土壤电阻率较高的地段，可采用增加垂直接地体、加长接地体、改变接地形式、局部换土或采用长效稳定的接地新技术（如离子接地体、不含化学成分的接地模块）等措施。在盐碱腐蚀较严重的地段，接地装置应选用耐腐蚀性材料或采用防腐措施。

5）重视接地引下线的运行维护工作，水塘、淤泥等腐蚀严重地区应适当增大接地引下线的截面，在雷雨季节加强接地引下线与杆塔连接情况的检查。线路应保证接地网和各接地部位连接可靠。

7.3.2.5　线路绝缘子串

（1）交流架空送电线路绝缘子串及空气间隙不应小于表 7.4 所列数值。

表 7.4　　　　　　　线路悬垂绝缘子每串最少片数和最小空气间隙

系统电压/kV	110	220	500
雷电过电压间隙/cm	100	190	330（370）
操作过电压间隙/cm	70	145	270
持续运行电压间隙/cm	25	55	130
单片绝缘子的高度/mm	146	146	155
绝缘子片数/片	7	13	25（28）

注：500kV 括号内雷电过电压间隙与括号内绝缘子片数相对应，适用于发电厂、变电所进线保护段杆塔。

1）耐张绝缘子串的绝缘子片数应在表 7.4 悬垂串绝缘子个数的基础上增加，对 110、220kV 线路增加 1 片，对 500kV 线路增加 2 片；跳线绝缘子串的绝缘水平应比耐张绝缘子串低 10%。

2）全高超过 40m 有地线的杆塔，高度每增高 10m，应增加一片绝缘子；全高超过 100m 的杆塔，绝缘子数量应结合运行经验，通过反击雷电过电压的计算确定。

3）海拔高度超过 1000m 时，绝缘子串及空气间隙应按照《110kV～750kV 架空输电线路设计规范》（GB 50545—2010）进行修正。

4）同塔多回路可采用不平衡高绝缘，可同时配合使用招弧角（并联间隙），并联间隙的使用按照《交流架空输电线路绝缘子并联间隙使用导则》（DL/T 1293—2013）规定执行。

（2）绝缘子类型的选择。

1）雷电活动特殊强烈地区线路，为防止雷击引起掉串事故，应选用玻璃绝缘子；若使用复合绝缘子，在保证安全距离的情况下，可适当加长 10%～15%，其雷电冲击绝缘水平不应低于玻璃绝缘子水平。

2）架空地线绝缘子应采用玻璃绝缘子。

3）耐张串应采用玻璃绝缘子，悬垂串及跳线串宜选用复合绝缘子；若使用复合绝缘子，其雷电冲击绝缘水平不得低于空气间隙等长玻璃绝缘子串。

4）均压环在设计选型时应校核复合绝缘子的干弧距离。

5）绝缘子选型及布置方式应综合考虑线路防污、防冰相关要求。

（3）增强线路绝缘。

1）在雷电活动强烈地区，降低接地电阻有困难时，可通过适当增加绝缘子片数提高线路绝缘水平和耐雷水平。

2）对已建成投运的线路，增强线路绝缘应考虑杆塔头部绝缘间隙及导线对地安全距离的限制。

3）对于已运行线路，杆塔结构、间隙距离以及导线对地高度容许的情况下，可增加 1～2 片绝缘子，复合绝缘子可考虑在低压侧安装。

7.3.2.6 线路避雷器

（1）避雷器选型原则。

1）宜根据已投运线路情况，结合雷电定位系统统计数据、线路历史雷击故障情况等运行经验及地形地貌，综合考虑配置线路避雷器。

2）线路避雷器宜选择带外部串联间隙的金属氧化物避雷器，避雷器本体宜采用加强型复合外套。

3）多雷区、强雷区 110kV 及以上新建线路杆塔宜预留线路避雷器安装孔。

（2）避雷器安装杆塔选取原则。

1）已发生多次雷击跳闸的故障杆塔（段）；已进行过综合防雷改造仍发生雷击跳闸的杆塔；发生过雷击跳闸且经过分析确认雷击闪络风险较高、一般防雷措施改造效果有限的杆塔。

2）地闪密度达到 D3 级及以上的地域，且地面倾角超过 15°且杆塔高度超过 50m 的杆塔选择安装避雷器。

3）地闪密度达到 D3 级及以上的地域，且通过改造难以满足接地电阻的要求的杆塔可选择安装避雷器。

4）对同塔双回杆塔，建议线路避雷器安装在边坡外侧的一回上，安装顺序建议为上相→中相→下相；对鼓型和伞型塔建议优先安装边坡外侧一回的中相。

5）线路避雷器安装地点应根据雷电定位系统的统计和运行经验综合选取，宜安装在雷电活动频繁且接地电阻降低困难的地区。

6）若大跨越档经过多雷区，在两侧杆塔均应安装避雷器。

7）单回直线杆塔，位于边坡的杆塔，建议避雷器优先安装在边坡外侧的一相；位于山顶的杆塔，建议避雷器优先安装在两边相。

8）单回转角塔，为提高反击耐雷水平，建议避雷器优先安装在上相；为降低绕击率，建议避雷器优先安装在边坡外侧的下边相。

（3）避雷器运行维护及退役报废处理。

1）避雷器需定期巡线（每年至少一次，雷雨季节之前），目测避雷器外观是否有损坏情况，并按巡线周期记录计数器动作数据。

2）对运行中的避雷器进行抽检试验（对 3 年以上运行中线路避雷器应按照不同厂家每年度抽检不少于 3 只避雷器），试验项目要求如下：①外观检查和间隙距离测量；②复合外套憎水性测试；③复合外套最小公称爬电比距检查；④工频全电流和阻性电流测量（此项试验仅对无间隙避雷器进行）；⑤直流 1mA 参考电压试验和 0.75 倍直流参考电压下泄漏电流试验；⑥局部放电试验；⑦残压试验；⑧机械性能试验。

注：以上所有电气试验项目（④～⑦）均须在"水煮前"与"水煮后"两种条件下进行。

3）避雷器在运行过程中发现外绝缘损坏、整支断裂以及避雷器抽检试验不合格的同批次产品，应拆除进行更换。

7.3.2.7　并联间隙

（1）并联间隙的目的在于防止绝缘子的损坏和减少运行维护工作量，而非降低线路跳闸率。

（2）并联间隙宜优先选择 D2 级及以上雷区等级的一般线路杆塔进行安装。

（3）双回线路安装并联间隙后的绝缘水平应不低于原有水平。

（4）绝缘子并联间隙与被保护的绝缘子的雷电放电电压之间的配合应做到雷电过电压作用时并联间隙可靠动作，同时又不宜过分降低线路绕击闪络或反击耐雷水平。

（5）绝缘子并联间隙应在冲击放电后有效地导引工频短路电流电弧离开绝缘子本体，以免使其灼伤。

（6）绝缘子并联间隙的安装应牢固，本体有一定的耐电弧和防腐蚀能力。

（7）运行维护要求。

1）运行单位应建立绝缘子并联间隙档案。

2）巡检时应检查绝缘子并联间隙电极是否有烧蚀痕迹，并联间隙是否有异常。

3）巡检时若绝缘子并联间隙电极有烧蚀痕迹，则判断为并联间隙闪络，观察绝缘子是否有闪络痕迹，宜拍照记录。

4）巡检时发现并联间隙电极端部因多次烧灼使得间隙距离增加超过 5cm 时，记录在案，等线路定期检修时予以更换。

7.3.2.8 耦合地线及塔顶斜拉线

（1）在土壤电阻率很高、杆塔接地电阻很难降低、杆塔机械强度允许的情况下，可考虑在导线下方增设耦合地线。

（2）常见耦合地线的安装位置如图 7.1（a）所示，为提高线路反击耐雷水平或改善电磁环境，可将耦合地线安装在导线下方贴近杆塔立柱处（位置 1）或导线下方的杆塔中心（位置 2）。

（3）对于杆塔位于山顶或水田附近的线路，受峰面雷或热暴雷等微气候的影响，中相和下相导线也有可能遭受绕击，可采用如图 7.1（b）的耦合屏蔽线进行屏蔽。该耦合屏蔽线即有耦合地线的作用又有一定的防绕击的作用。

（4）对于绕击跳闸率较高的已建成的山区线路，也可在易受雷击段增加如图 7.1（c）所示的旁路屏蔽线，该旁路屏蔽线不改变原有杆塔结构，在线路的附近（远离山顶易绕击的一侧）设独立的铁塔架设地线，该方案防绕击效果很好且有一定的耦合作用。

（5）塔顶斜拉线［图 7.1（d）］对改善输电线路雷电性能也有一定作用。首先塔顶拉线具有耦合和分流作用，可以提高雷击杆塔时线路的反击耐雷水平。

（6）加装耦合地线及塔顶斜拉线必须考虑空气动力学的影响，对杆塔荷载及可承受的风荷载进行校核。

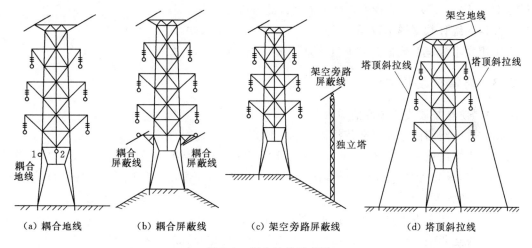

|（a）耦合地线|（b）耦合屏蔽线|（c）架空旁路屏蔽线|（d）塔顶斜拉线|

图 7.1 耦合地线示意图

7.3.2.9 不平衡绝缘技术

（1）可以在杆塔空气间隙允许的情况下采用不平衡绝缘技术。

（2）采用不平衡绝缘技术应将其中一回的绝缘增强，不得降低其中一回线路绝缘。

（3）采用同一横担上杆塔立柱一侧的一回导线增加绝缘、另一回维持现绝缘不变的方式来实现不平衡绝缘。

7.3.2.10　防范变电站侵入波

（1）对于变电站进出线端 2～3km 的杆塔，原则上避免通过增加绝缘子片数的方法增强绝缘水平。

（2）变电站内正常方式热备用的线路应在线路侧安装避雷器，在雷电活动强烈地区，110kV、220kV 线路的线路侧均应安装避雷器，防止雷电侵入波损害变电设备。

（3）变电站位置受限时应在终端杆塔安装无间隙型避雷器，线路型避雷器绝缘配置应高于站用避雷器。

（4）可以考虑在变电站出线端的杆塔绝缘子串安装并联间隙，避免雷电侵入波对变电站的影响。

7.3.2.11　行波定位装置

（1）220kV 及以上线路宜在两端应安装行波定位装置。

（2）新建变电站要求有自动跟踪对时系统，线路故障记录时间要求精确到秒和毫秒。

（3）发生雷击跳闸时，综合使用行波定位装置和雷电定位系统确定可能的故障区段。

7.3.2.12　自动重合闸

自动重合闸是重要的线路防雷措施，雷雨季节必须保证装置正常运行。

7.3.2.13　地闪密度分布图

（1）采用网格法统计雷电参数时，绘制雷区分布图时建议采用 0.01°～0.03°网格，实际网格大小应综合考虑分辨率要求、绘制出的效果自行确定。

（2）基于地闪密度统计结果进行雷区分级时，宜采用 7.1.4 的七层级（A、B、C、D1、D2、D3、D4）指定分级，也可采用自然分级法。

7.3.2.14　统计数据样本范围

采用"主放电"数据，数据过滤条件选定"三站及以上数据"。

7.3.3　防雷技改要求

7.3.3.1　防雷技改线路选取的原则

防雷技改线路的选取主要依据以下几个原则：

（1）雷击跳闸率。近 3 年 500kV、220kV、110kV 线路平均雷击跳闸率超过 0.60 次/（百公里·年·40 个雷暴日）、0.80 次/（百公里·年·40 个雷暴日）、1.50 次/（百公里·年·40 个雷暴日）。

（2）近 2 年未发生过雷击跳闸的线路不在考虑之列。

（3）投运年限未到 2 年的线路，由于积累的运行数据有限，不能排除雷击偶然性，不在考虑之列。

（4）3 年内系统的实施过防雷改造的线路不在考虑之列。

7.3.3.2　防雷技改方案制定要求

根据差异化防雷技术的要求，以雷电地闪密度分布图为依据，综合考虑线路运行经验、雷电活动特征、地形地貌特征和杆塔结构特征进行防雷性能评估，明确输电线路雷击风险，制订相应的防雷技改方案。

（1）防雷技改方案制订时需列出该线路近 3 年发生的雷击跳闸明细，明细包括跳闸时间、故障杆塔号、巡线简况、故障后接地电阻测量值、雷击跳闸性质等。

（2）逐基列出杆塔与大号侧档距、地形地貌、地质情况、雷击跳闸时间及雷击性质、设计接地电阻、接地电阻测量时间及结果、防雷装置安装情况及历年改造情况、计划采取措施等。

（3）防雷技改措施选用原则。防雷技改措施应选用技术成熟、便于运行维护的技术或装置，一般建议采取降低杆塔接地电阻、安装线路避雷器、避雷针等方式。选用原则如下：

1）对于接地电阻不满足要求的，应及时进行改造。

2）对于满足避雷器安装杆塔选取原则的，可以选用安装线路避雷器；安装线路避雷器的杆塔不需要进行接地电阻改造。

3）对于安装避雷针的杆塔，应确保接电电阻满足相应技术要求。对于安装其他防雷装置的，应结合防雷装置的原理及特点进行分析计算，考虑接地电阻值对其防雷性能的影响。

7.4 差异化防雷措施

现阶段变电站防过电压一般采用避雷针，避雷线防止直击雷，避雷器用于限制入侵雷电波的幅值，变电站的进线上设置进线保护段以限制流经避雷器的雷电流和限制入侵雷电波的陡度，用氧化锌避雷器来限制内部过电压，由于变电站的过电压问题，受电气主接线、中性点接地方式、电气设备的绝缘性能、地理位置以及出现的各种新防雷理论和新技术的影响，由此产生了许多防过电压的装置、方法以及措施，但并没有一种普遍适用于各种环境的成熟方法，所以借鉴现成技术的方案不可行。为此，在收集过电压方面的有关原理、方法和技术资料的基础上，通过分析与实践，研究出一套适合该区域具体情况的防过电压措施。

对龙里变和龙山变区域引起过电压问题的各种因素进行收资和研究，以上两个变电站防过电压措施均采用标准设计，通过过电压监测装置捕捉到的各类波形数据看，该变电站运行过程中已发生各类过电压，为避免过电压产生或减小过电压幅值和作用时间，有效降低过电压引起的设备事故，提出了采用差异化过电压防治手段和相应的装置。

（1）防暂态过电压主要有以下措施：

1）采用性能优异避雷器。

2）采用开断性能好的断路器。

3）电压互感器最好采用抗谐振互感器。

4）减少空投母线的运行方式。

5）降低变电站接地网的接地电阻。

（2）对该区域捕捉的各类过电压数据分析，提出对龙里变和龙山变采用如下治理措施：

1）龙里地区 220kV 福龙线和龙平线线路走廊处于多雷区，过电压采集装置也捕捉到相应的过电压波形，为提高该线路防过电压能力，该线路段需从新设计增加相应的线路避雷器。

表 7.5　　　　　　　　　　龙里地区输电线路雷击次数统计

序号	电压等级/kV	输电线路	间隔编号	雷击次数	雷击天数/天
1	220	福龙线	202	480	18
2	220	醒龙Ⅰ回	203	85	6
3	220	醒龙Ⅱ回	204	104	7
4	110	龙龙黑Ⅰ回	101	33	4
5	110	龙龙黑Ⅱ回	102	39	5
6	110	龙谷牵线	104	85	6
7	110	龙平线	107	300	7
8	110	龙电线	108	116	9
9	110	龙牵线	109	51	7
总计				1293	69

注：统计时间为 2014 年 8 月 26 日至 11 月 31 日。

2）龙山变电站 110kVⅤⅡ母线使用电磁式电压互感器，易激发谐振，产生谐振或操作过电压，更换为电容式电压互感器。

3）站内配置的避雷器，按照现场设备实际位置，重新计算保护范围是否满足要求。

4）运行方式上尽量减少空投 110kV 母线，降低过电压的发生。

7.5　绝缘配合校验措施

7.5.1　惯用法

惯用法按作用在设备绝缘上的最大过电压和设备的最小绝缘强度的概念进行绝缘配合的方法。

首先需确定设备上可能出现的最危险的过电压和设备绝缘最低的耐受强度，然后根据运行经验，选择一个配合系数作为这两种电压的比值，以补偿在估计最大过电压和绝缘最低耐受强度时的误差及增加一定的安全裕度，最后确定设备绝缘应能耐受的电压水平。惯用法简单明了，但无法估计绝缘故障的概率以及此概率与配合系数之间的关系，故这种方法对绝缘的要求偏严。由于对非自恢复绝缘放电概率测定的费用太高，因此只能使用惯用法。目前，对 220kV 及以下的电工设备，通常仍采用惯用法。例如，电力变压器都用避雷器保护。避雷器限制雷电过电压的能力常用避雷器保护水平表示。变压器耐受雷电冲击的绝缘水平（BIL）需高出避雷器的保护水平，两者的比值称为配合系数。我国一般采用的配合系数值是 1.4。对于 500kV 变压器，国际电工委员会（IEC）规定，配合系数需等于或大于 1.2。

7.5.2　统计法

统计法根据过电压幅值及绝缘闪络电压的统计特性，算出绝缘故障率。改变敏感的影响因素，使故障率达到可以被接受的程度，合理地确定绝缘水平。统计法不仅能定量地给出绝缘配合的安全程度，还可按照设备折旧费、运行费及事故损失费三者总和最小的原则进行优化设计。困难在于随机因素较多，某些统计规律还有待认识。

从过电压幅值与绝缘抗电强度都是随机变量的事实出发，根据过电压幅值及绝缘闪络电压的统计特性，算出绝缘故障率。改变敏感的影响因素，使故障率达到可以被接受的程度，在技术经济比较的基础上，合理地确定绝缘水平。

这种方法不仅能定量地给出绝缘配合的安全程度，还可以按照设备折旧费、运行费及事故损失费三者总和最小的原则进行优化设计。目前研究得比较多的是以过电压幅值的概率分布为基础的统计法。

统计法在超高压电力系统中降低绝缘水平有显著的经济效益。自恢复绝缘的绝缘强度统计特性相对比较容易获得。20世纪70年代以来，国际上推荐对超高压电力系统的自恢复绝缘采用统计法进行绝缘配合。

统计法的困难在于随机因素较多，某些随机因素的统计规律还有待于积累资料与认识，低概率密度部分的资料比较难取得。目前算出的故障率通常比实际的大很多，还有待于在应用中不断完善。

7.5.3　简化统计法

为了便于计算，简化统计法假定过电压及绝缘放电概率的统计分布均服从正态分布。IEC 及中国国家绝缘配合标准，推荐采用出现的概率为 2% 的过电压作为统计（最大）过电压 U_w，再取闪络概率为 10% 的电压作为绝缘的统计耐受电压 U_s，在不同的统计安全系数 $\gamma = U_w/U_s$ 的情况下，计算出绝缘的故障率 R。根据技术经济比较，在成本与故障率间协调，定出可以接受的 R 值，再根据相应的 γ 及 U_s，确定绝缘水平。为了在实际应用中便于计算，假定过电压及绝缘放电概率的统计分布均服从正态分布。

简化统计法与惯用法同样简单易行，并有现成曲线可查。虽然故障率的数值不一定很准确，但便于在工程上作方案比较，因而应用很广泛。

电力系统中用以确定输电线路和电工设备绝缘水平的原则、方法和规定。研究绝缘配合的目的在于综合考虑电工设施可能承受的作用电压（工作电压及过电压）、过电压防护装置的效用，以及设备的绝缘材料和绝缘结构对各种作用电压的耐受特性等因素，并且考虑经济上的合理性以确定输电线路和电工设备的绝缘水平。

电工设备经常在电力系统工作电压下运行，还会受到各种过电压作用。电工设备绝缘对各种作用电压都具有一定限度的耐受能力。当绝缘性能被破坏时，会造成设备损坏甚至系统停电事故。为了避免上述损失，必须保证电工设备具有规定的绝缘强度，这就是绝缘水平。确定绝缘水平要求在技术上处理好作用电压、限制过电压的措施、绝缘耐受能力三者之间相互配合的关系，还要求在经济上协调投资费用、维护费用和事故损失费用等之间的关系，以达到较好的综合经济效益。

7.6　本　章　小　结

本章主要介绍了暂态过电压防治中的差异化防雷措施，从设计、建筑、运行、雷电定位系统管理和维护，并提出了线路反击耐雷水平、地线保护角、杆塔接地电阻等基本要求。针对贵州龙里变电站和龙山变电站的差异，分别提出了对其的暂态过电压的防治措施。绝缘配合的本质是合理处置过电压与绝缘水平的关系，介绍三种绝缘配合方法：惯用法、统计法、简化统计法，可根据实际情况的差异选取不同方法进行绝缘配合。

附录A 现场过电压故障案例分析

A.1 鸭溪变 "4.30" 5031 开关电流互感器 (SAS - 550) 故障分析

2012 年 4 月 30 日 00 时 56 分，因 500kV 鸭溪变发生强雷大雨天气，引发 500kV 5031 开关 C 相电流互感器发生外绝缘雨闪，C 相电流互感器的闪裙及底座吊环有放电痕迹如图 A.1～图 A.3 所示。

图 A.1 5031 开关电流互感器外观图

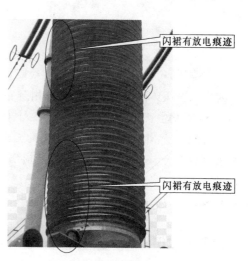

图 A.2 5031 开关电流互感器闪裙有放电痕迹

500kV 1 号主变 A 套、B 套差速保护动作跳开 1 号主变三侧 5031、5032、211、311 断路器，选相 C 相，开关约 60ms 断开。5031 开关电流互感器等电位点设置在 1 号主变侧，5031 开关 C 相电流互感器发生外绝缘雨闪，故障点在 1 号主变差动动作范围内，不在 500kVⅠ母母差保护动作范围内，所以 500kVⅠ母母差保护不动作。保护动作正确。

图 A.3 5031 开关电流互感器底座
吊耳有放电痕迹

A.2　梭嘎变 2 号主变跳闸事件分析报告

2012 年 5 月 21 日 22 时 37 分，因雷击 35kV 梭上线 22 号杆 C 相避雷器击穿接地产生工频过电压，导致梭嘎变 35kVⅡ段母线支柱瓷瓶对开关柜体放电，2 号主变中压侧复压过流Ⅰ、Ⅱ时限动作跳开 310 断路器（310 断路器在热备用）、312 断路器，随即梭嘎变 2 号主变轻、重瓦斯动作跳开 112、312、012 断路器。

线圈烧损处

图 A.4　线圈烧损处

之后对 2 号主变进行电气试验时，发现 2 号主变 35kV 侧 B 相绕组内部断线，而且 35kV 侧 B 相绕组对地无绝缘电阻，油色谱分析故障类型为：有工频续流放电，多为线圈、线饼、线匝间或线圈对地之间的电弧放电。

6 月 16 日梭嘎变 2 号主变返厂解体检修，进行主变解体检查发现，主变 35kV 侧 B 相绕组下部第一至八饼线圈存在烧坏，其中第一、二饼匝间线圈烧断明显，如图 A.4 所示。

因雷击 35kV 梭上线 22 号杆 C 相避雷器击穿产生工频过电压，过电压导致梭嘎变 35kVⅡ母线发生三相短路。梭嘎变 2 号主变 35kV 侧 B 相绕组第一、二饼匝间线圈绝缘存在薄弱点，当 4940A 的短路电流流经线圈时，线圈绝缘薄弱点发生劣化、击穿，产生续流放电，该续流放电逐步演变损伤至第 3-8 饼线圈，至变压器后备保护动作切除故障。而 A、C 相线圈由于无制造隐患，在承受相同故障电流，未发生烧损，也印证上述分析。

A.3　220kV 主变压器受短路冲击导致升高座引流线放电故障

A.3.1　情况简介

2007 年 4 月 13 日 21 点 19 分，某变电站 1 号主变差动保护动作使变压器三侧断路器跳闸，主变发轻瓦斯信号。检查情况汇总如下：

（1）对 1 号主变差动保护范围内的一次设备进行巡视和外观检查，没有发现一次设备有闪络和放电的痕迹。

（2）通过从 1 号主变差动保护装置录波图看，主变 220kV 侧电流峰值在保护装置动作时达到了 4.45A 左右；220kVⅠ段母线避雷器 A 相动作一次，主变三侧避雷器均未动作，根据以上两点，进行高压试验：①测一、二次侧绝缘电阻；②测绕组直流电阻；③测铁芯和夹件绝缘；④测低电压空载电流。未发现异常。

（3）在距离该变 50km 左右的 99 号杆塔的 A、B 相绝缘子表面有放电痕迹，测量杆塔的接地电阻为 10Ω 左右。

（4）对 220kVⅠ段母线避雷器进行检查试验，未发现异常（A、B、C 三相直流 1mA 电压均为 300kV 左右；放电计数器动作正常）。

（5）分别取主变上、下部油样进行了油中溶解气体的色谱分析，试验数据详见表 A.1。

表 A.1　　　　　　　　　　　　　　油中溶解气体色谱分析

取样日期	氢气	甲烷	乙烷	乙烯	乙炔	总烃	一氧化碳	二氧化碳
2007－4－13（下部）	141	33.6	3.5	28.6	42.3	107.9	827	6011
2007－4－13（上部）	1824	277.7	5.1	82.8	196.8	562.5	815	6178

该台主变型号 SFPS27－180000/220，生产厂家：沈阳变压器厂，出厂日期：1994 年 9 月 1 日，出厂编号：94B08132－1，2003 年 11 月 27 日投入运行。

利用三比值法来判断故障的性质：

C2H2/C2H4＝196.8/82.8≈2.4，当 C2H2/C2H4 的比值为 [0.1，3) 时，比值范围编码为 1。

CH4/H2＝277.7/1824≈0.2，当 CH4/H2 的比值为 [0.1，1) 时，比值范围编码为 0。

C2H4/C2H6＝82.8/5.16≈16.0，当 C2H4/C2H6 的比值大于 3 时，比值范围编码为 2。

上述三比值范围编码为（1 0 2），由此可以推断，故障性质为"电弧放电故障"。从不同取样部位的色谱数据分析来看，该故障点在应该在主变的上部。

A.3.2　故障检查情况

2007 年 4 月 15 日对该变压器进行检查（打开检修孔），发现变压器 A 相升高座部位的引流线对 B 相绕组末端引流线（接入分接开关）有明显的放电点，如图 A.5～图 A.9 所示。

图 A.5　在主变腔壁上发现的放电点

图 A.6　A 相升高座部位的引流线

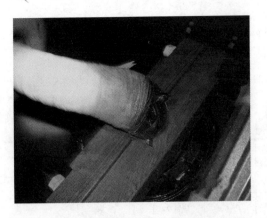

图 A.7　B 相绕组末端引流线

图 A.8　对 B 相外绝缘绑扎物解体发现雷击放电点

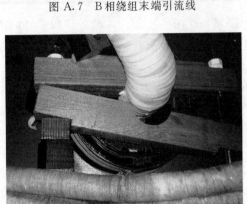

图 A.9　B 相绕组末端引流线重新处理后

A.3.3　故障原因分析

变压器受雷击损坏的原因可能有两种情况。

（1）输电线路只在 99 号杆塔处遭受雷击的情况，分析如下：当反击雷电压波由 50km 远线路进入变电站时，由于只有进入的一条输电线，无其他输出线路，相当于开路，雷电波到达变电站为正反射，其值最高可为入射波的两倍。由于只在母线上安装避雷器，母线与主变相距 30～40m，如果雷电波波头较陡时，可能使变压器放电。[在输电线 50km 雷击处，雷电流过大（但设计时 IEC 要求只考虑离变电站 2km 处雷击时的雷电流）或者雷电流特别的大。致使母线避雷器残压过高所至。]

（2）在输电线路 99 号杆塔的绝缘子遭受雷击时，在线路进线段附近同时遭受雷电绕击的情况，分析如下：

1）当反击雷电波打在距离该变 50km 的线路时，由于距离较远，到达变电站的雷电波的幅值和陡度以大大减弱，一般情况下不会造成变电设备的危害。

2）离变电站不远处输电线入口遭绕击（即绕过地线直击输电线路），同样由于只有进入的一条输电线，无其他输出线路，相当于开路，雷电波到达变电站为正反射，其值最高可为入射波的两倍。由于只在母线上安装避雷器，母线与主变相距 30～40m，如果雷电波波头较陡时，可能使变压器放电。

A.4　龙洞堡变电站过电压问题的研究

龙洞堡变电站原为 35kV 变电站，1996 年改建升压为 110kV 变电站，在改建前该站的 10kV 系统设备故障不多，改建后 10kV 系统不断出现故障，经分析由于系统参数变化可能引起和诱发系统产生过电压，加之此变电站处于雷击区、设备的连接方式以及地理位置等原因，近几年来站内连续发生 10kV 系统的雷击过电压和操作过电压引起设备故障，统计情况见表 A.2。

表 A.2　　　　　　　　**龙洞堡变电站过电压造成设备损坏统计表**

时间	设 备 编 号	内 容	备注
1998.7.29	10kV 龙红 0031 隔离开关以及连接母线	烧坏	雷击
	10kV 龙红 0031 隔离开关与 10kVⅠ段母线桥 A 相接头处螺栓	烧坏	雷击
	10kV 022 龙冶电缆户外头	烧坏	雷击
	003 和 022 开关	出现了渗油（进行了小修处理）	雷击
1999.5.14	10kVⅠ段 0514 电压互感器	烧坏	操作过电压
1999.6.15	022 龙治开关穿墙套管	B 相套管烧坏	内部过电压
1999.8.21	0242，0252 隔离开关	主隔离开关过电压烧坏	雷击
2000.11.29	0031 隔离开关	B 相瓷瓶炸裂	内部过电压
2001.2.22	001 龙淹电流互感器	烧坏	内部过电压
2001.4.20	004 龙血电流互感器	烧坏	雷击
2001.7.13	024 龙谷电流互感器	放电	过电压
2001.7.14	021 龙五开关及电流互感器	爆炸烧坏	雷击
	0041，0021 隔离开关	爆炸烧坏	雷击

由于该站 10kV 开关全部采用真空开关，在某些情况下，易产生较高的操作过电压、难以克服的截流过电压、重燃过电压和开断后断口绝缘水平下降产生的重击穿问题，使相间短路的几率增高，严重威胁变电站的安全和稳定运行。如果由于过电压的影响而造成相间短路事故或设备发生爆炸，不仅会影响售电量，造成经济损失，而且对社会也会造成一定的负面影响，所以及时进行该站过电压的研究刻不容缓。我局也对该变电站进行了局部改造，如在发生事故的线路加装避雷器，更换无谐振电压互感器（容性电压互感器）等，但都不能从根本上解决上述问题，过电压故障仍有发生。

龙洞堡变电站是一个带有重要负荷的变电站（包括贵阳机场等重要负荷），其安全稳定运行十分重要。为此，应对该站原有的过电压装置进行研究，比较利弊，找出产生过电压的根本原因所在，制定出有效的过电压防范措施，以保证其安全运行。此外，过电压问题的研究是高电压技术中的重要组成部分，开展此项工作也可以为今后提高我局的供电可靠性提供技术依据，为今后其他新站和老站的过电压问题积累有益的经验。同时，未来的城市对供电的可靠性要求日渐提高，现在的研究也可以为今后此技术的大量应用提供有力的技术支持。由此可见，在没有现成成熟技术的条件下，自行探索出一套适合于本局的防过电压措施具有其先进性和紧迫性，是十分必要的。方案实施后的运行情况：

（1）在 2002 年 4 月之前，根据研究方案对该站防过电压进行综合改造后，2002 年 5 月至今 10kV 系统未发生由过电压造成的设备事故。

（2）在 2002 年 5 月 1 日期间，该站 10kV 系统受过电压冲击引起断路器跳闸共计 8

次，其中重合不成功有 4 次（都是雷雨天气）。

（3）2002 年 6 月至 8 月期间，由雷击和线路故障引起断路器跳闸共计 27 次，其中重合不成功有 8 次。

（4）2002 年 10 月至 2003 年 9 月，由雷击和线路故障引起断路器跳闸共计 51 次，其中重合不成功有 9 次，4 次线路故障未投。

（5）从断路器跳闸数据看，该站遭受多次雷电过电压的袭击，没有对系统造成危害。

（6）10kV 系统电压互感器重新更换为感性防谐振电压互感器后，经过半年的观察，再没有出现过高压保险烧毁以及其他设备由于谐振过电压而造成损伤的情况。

从以上几点可以看出，所采取的防雷措施是有效的。但是，为了科学、客观地验证这些措施的有效性，还需对今后的运行情况进行进一步的分析和总结。

A.5　贵阳电网 220kV 分级绝缘变压器中性点间隙事故案例与处理

贵州地处高海拔、多雨多雷季风区，其 220kV 电网分级绝缘变压器经常承受雷电过电压的袭击。为限制系统接地短路容量，按照继电保护整定配置及防止通信干扰等方面要求，220kV 变电站有部分主变压器采用不接地运行方式。由于 220kV 变压器基本是分级绝缘，该中性点绝缘在运行中受雷击、操作及工频等过电压的威胁而导致变压器中性点绝缘损坏、事故跳闸。因此，变压器中性点必须采用有效的过电压保护防止事故发生。目前，贵阳电网根据《贵州电网 110kV 及以上变压器中性点过电压保护选择规范》采用 220kV 变压器的 220kV 侧中性点和 110kV 侧中性点均采用过电压保护间隙和金属氧化物避雷器（MOA）进行配合。这种保护方式配置能够保证变压器继电保护正确动作以及保护变压器中性点绝缘安全，避免出现保护误动、变压器绝缘损坏、避雷器爆炸等事故。因此，有效地配置 220kV 变压器中性点保护间隙对电网运行安全意义重大。

2010 年 9 月 9 日 19 时 55 分 220kV 金阳变 1 号主变发生因中性点保护间隙误动作而造成停电事故。该站发生 110kV 凤箐线 103 断路器跳闸，通过录波测距距故障点有 5.5km。2 号主变中性点处于直接接地运行，1 号主变 211、111 断路器因零序过流跳闸，经现场检查发现 1 号主变 220kV 侧、110kV 侧中性点间隙发生过击穿放电。其原因是 110kV 凤箐线 103 线路发生故障，造成 1 号主变 220kV 侧、110kV 侧中性点电位位移，幅度超过保护间隙最小动作电压而导致间隙击穿放电，进而引发 1 号主变停电严重事故，同时 1 号主变 211、111 断路器也因零序过流跳闸。经调查，金阳变 1 号主变 220kV 侧中性点间隙距离仅为 192mm、110kV 侧中性点间隙距离仅为 120mm，间隙距离与《贵州电网 110kV 及以上变压器中性点过电压保护选择规范》相比严重偏小，容易因间隙击穿放电电压偏低而造成保护间隙误动作。通过开展对贵阳电网 220kV 变压器中性点保护间隙距离改造工作，金阳变 1 号主变 220kV、110kV 中性点保护间隙已采用 295mm 和 135mm 羊角保护间隙，极大提高了该变电站运行可靠性。项目改造后运行至今，该变电站尚未出现一起因系统以有效接地方式运行发生单相接地故障而引起保护间隙误动作故障。

综合以上分析，对干贵阳电网 220kV 系统中不接地变压器，中性点过电压保护采用过电压保护间隙和金属氧化物避雷器方式满足运行要求。保护间隙选择尽量按最大保护间隙距离进行选取，即变压器 220kV、110kV 中性点保护间隙分别选取 295mm 和 135/120mm，以防止保护间隙过于频繁动作。

目前，贵阳电网已采用此方式来满足运行要求，并已完成 16 个 220kV 变电站内 22 台变压器中性点间隙改造工作。在电网运行中，该项目的开展有效地避免出现保护误动、变压器绝缘损坏、避雷器爆炸等事故，大大提高电网运行可靠性。同时，由于贵州特殊高海拔地形气候，保护间隙放电电压受海拔、气压、空气密度、温度及湿度影响较大，有待于进一步试验研究。

A.6 龙山变 1524 电压互感器间隔 A 相避雷器爆炸事故分析报告

2003 年 8 月 5 日，龙山变电站 1524 电压互感器间隔 A 相避雷器发生爆炸事故，造成该相避雷器从上、下两节中间发生断裂，避雷器内部元件全部烧毁，如图 A.10 和图 A.11 所示。

图 A.10 发生爆炸的 A 相避雷器　　　　　　图 A.11 局部示意图

发生事故的避雷器历年的运行情况如下：自龙山变 1524 电压互感器间隔的避雷器更换为氧化锌避雷器（型号为 Y5W-100/260W）后运行一直比较稳定，直到 2002 年 3 月 7 日预防性试验中发现 A 相避雷器 1mA 直流电压偏低（上、下两节分别为 73.7kV 和 78.4kV），75%U1mA 下泄漏电流过大（上、下两节分别为 $275\mu A$ 和 $87\mu A$，均超过规程规定的 $50\mu A$ 以下的标准）。为此，我局于 2002 年 3 月 12 日将该相避雷器更换为了一只新的同型号避雷器。在交接试验中，该新避雷器的 1mA 直流电压为上节 75.3kV、下节 74kV，75%U1mA 下泄漏电流分别为上节 $11\mu A$、下节 $12\mu A$。到 2003 年 8 月 5 日，该相避雷器在运行人员将 102 断路器合闸的过程中发生爆炸。

事故发生前，龙山变处于全站失压状态——110kV 侧虽然母线分段断路器 110 处于

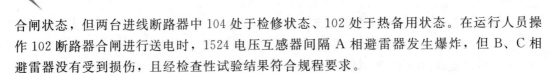

合闸状态，但两台进线断路器中 104 处于检修状态、102 处于热备用状态。在运行人员操作 102 断路器合闸进行送电时，1524 电压互感器间隔 A 相避雷器发生爆炸，但 B、C 相避雷器没有受到损伤，且经检查性试验结果符合规程要求。

事故发生后，在对换下的炸毁避雷器进行检查的过程中发现，该避雷器上节顶部防爆隔板已被冲开，底部发生断裂，内部氧化锌阀片均被击穿并烧毁；下节外部虽未见损伤，但经拆卸后发现其内部氧化锌阀片也全被击穿并烧毁（整个下节绝缘电阻在 0.5MΩ 以下）。但在拆卸下节避雷器的过程中发现其内部密封仍然良好，没有漏气或受潮的迹象。

通过对以上各种因素的综合分析，可以对此次避雷器爆炸事故进行如下的初步分析：龙山变 1524 电压互感器间隔 A 相避雷器长期以来可能曾多次受到过电压（包括操作过电压和大气过电压）的作用，由于氧化锌避雷器防操作过电压的能力并不是十分理想，所以该避雷器已有一定的积累损伤；在 8 月 5 日运行人员将 102 断路器合闸送电时，该相避雷器受到合空载变压器时产生的操作过电压的作用，下节先被击穿并烧毁，既而所有电压均集中到上节避雷器，造成上节避雷器被击穿、烧毁并产生大量热量，最终导致发生爆炸，将顶部防爆隔板冲开，并使底部瓷瓶和金属接触的部分受到强大的冲击力而断裂。

如需对龙山变 1524 电压互感器间隔（特别是 A 相）的过电压状况以及由此对避雷器产生的影响进行进一步的数据收集和分析，可以在该间隔的避雷器上加装交流泄漏电流在线监测装置，这也有利于及时发现避雷器的运行异常现象，避免爆炸事故再次发生。

A.7　凉水变 2 号主变中性点避雷器烧坏原因分析

凉水变 2009 年 8 月 27 日电网运行方式，110kV Ⅰ 段母线运行，Ⅱ 段母线检修状态，主供电源为 103 间隔，备用电源为 101 间隔，35kV Ⅰ、Ⅱ 段母线并联运行，10kV Ⅰ、Ⅱ 段母线分列运行，两台主变在 110kV Ⅰ 段母线上并联运行，当天用 170 间隔代 103 间隔时，由于 1037 隔离开关 B、C 相引流线被拆除，产生 B、C 相断线运行，2 号主变中性点避雷器动作，放电过程持续约十几分钟后断开 112 主变开关后放电停止。

注：凉水变主接线为：110kV 双母分段带旁路；35kV 单母分段带旁路；10kV 单母分段。170 开关为双母线母联兼旁路开关的作用。

原因分析如下：

（1）断线过电压的特征和危害，发生过电压时，将产生系统中性点位移、负载变压器相序反倾、绕组电流剧增、铁芯发生响音、导线发出声响等现象，严重情况下将发生绝缘闪络、避雷器爆炸，以及电气设备损坏。对于三绕组变压器，一个绕组的断线过电压还可能通过绕组间的电容传递到另一个空载状态的绕组上，造成该绕组方的避雷器爆炸或相间短路等。

（2）在运行中经常发生输电线路引流断线，使得系统形成非全相运行，此时，变压器中性点会出现较高的电压，严重时是在某一时刻变压器单相带电，中性点电位 U_{vg}，另外，当变压器中性点的零序电抗与变压器中性点对地电容趋于一定数值时，或变压器距离超过一定数值时，可能中性点产生谐振过电压。其值将达到 $2\sim3U_{vg}$。

（3）当本次操作形成 A 相带电，B、C 相瞬间断电时产生的自感电势激发 A 相串联谐振的产生，当 2 号主变回路的容抗与电抗相等或接近时，避雷器上的电压可达 3 倍以上电源电压的谐振过电压，这样高的过电压长时间作用于避雷器上时，避雷器动作使内部气压升高，释放内部压力的释放装置破裂使避雷器持续放电。1 号主变 A 相回路的容抗与电抗达不到接近值，1 号主变也就不会产生谐振，避雷器不会动作。

（4）变压器高压侧中性点的工频耐受电压为 95kV，避雷器额定电压为 60kV，我国根据自己的传统与运行经验，考虑变压器为重要设备，变压器中性点避雷器的配置是符合要求的，当发生单相接地时变压器中性点电压偏移最大可达 63kV 作用于额定电压为 60kV 的避雷器（根据预试直流 1mA 参考电压为 90.7kV 推算得工频 1mA 参考电压是 64kV，也就是说 2 号主变高压侧中性点避雷器在工频电压为 64kV 时开始动作），此时流过避雷器的泄漏电流不大于 10A，避雷器不会产生动作，也就谈不上避雷器爆炸。正常避雷器在 2ms 方波的通容电流为 400A，$8/20\mu s$ 最大雷电冲击残压在 1kA 时有 144kV。

（5）1 号主变 110kV 侧中性点避雷器检查，测得 1mA 电压为 86.5kV，同初始值比 -5.86%；标准不大于 $\pm5\%$。该避雷器在本次过电压下也受到冲击。该避雷器已更换。

A. 8　贵阳变 500kV 烽贵 II 回线路跳闸事故分析

2010 年 3 月 23 日 2 时 45 分，贵阳变 500kV 烽贵 II 回线路发生雷击故引起 5031 电流互感器 B 相一次对地短路，5031 断路器跳闸，录波图显示 B 相短路电流为 15000A 左右。8s 后 5032 电流互感器 C 相一次对地短路，5032 断路器跳闸，录波图显示 C 相短路电流为 20000A 左右。由于 5032 电流互感器经 50322 隔离开关连接 500kV II 组母线，46s 后 500kV II 母差动保护动作，II 母失压。

为了尽早恢复供电，对 II 母上所有设备进行了外观检查，没有发现设备异常，并在 5032 断路器处在冷备用状态下恢复了 II 母供电。随后从息烽变对 500kV 烽贵 II 回线路进行试送电，线路出现故障跳闸，此时贵阳变与烽贵 II 回线路连接的 5031 间隔在热备用状态，5032 间隔在冷备用状态。然后在 5031、5032 间隔处于冷备用状态下，对线路试送电正常。经过生技部、安监部、修试所、继自等相关部门分析，23 日的雷雨天气使 5031 和 5032 间隔断路器及电流互感器可能因为雷击存在内部短路故障，必须立即进行检查。

A. 8. 1　现场试验检查

修试所首先对 5031 间隔进行绝缘检查，5031 断路器 A、B、C 三相一次对地绝缘值均在 $10000M\Omega$ 以上，5031 电流互感器一次对地绝缘值分别为 A 相 $20000M\Omega$，B 相 $980M\Omega$，C 相因为感应电较强未能测出，同时 5031B 相电流互感器使用 SF_6 色谱仪测试，气体含二氧化硫试验值达到 $2000\mu L/L$，正常时气体中不应含有二氧化硫成分；接下来对 5032 间隔进行绝缘检查，5032 断路器、电流互感器一次对地绝缘值因为感应电较强未能测出，而对 5032C 相电流互感器进行气体含二氧化硫量试验，超标达到 $3100\mu L/L$。

A.8.2 事故原因分析

从以上的事故分析调查可知，5031B 相电流互感器和 5032C 相电流互感器由于遭受雷击内部发生绝缘击穿，SF_6 气体出现化学分解，致使气体含二氧化硫量严重超标，互感器一次绝缘受损，绝缘值均在 1000MΩ 以下，低于试验规程标准。当 5031 和 5032 间隔送电运行时互感器无法承受线路电压形成短路点，从而造成 500kV 烽贵 Ⅱ 回线路发生短路故障跳闸和 500kV Ⅱ 母差动保护动作。

贵阳变此次出现事故的 500kV 电流互感器均为合资厂制造的，产品型号为 SAS550。该产品技术来源于德国的 MWB 公司，产品为倒置式结构，套管由玻璃钢浇注硅橡胶伞裙制成，内充 SF_6 气体作为绝缘介质。根据统计我局电网共有此型号电流互感器 14 组 42 台运行，其中贵阳变 9 组，息烽变 5 组。经过对此次事故调查分析，结果表明，电流互感器承受雷击出现损坏事故的主要原因是产品制造工艺质量存在问题。因此应该参考兄弟单位使用性能更加安全可靠的产品，运行部门应按反事故措施要求加强二氧化硫含量测试，杜绝类似损坏事故的发生。

附录 B 过电压识别步骤算法代码

B.1 识 别 步 骤

（1）步骤 1：网络初始化。过电压识别系统的输入层节点数 innum。

代表每种过电压的特征量数量，这里用 S 变换提取了过电压的 5 种特征量，所以 innum 设置为 5；输出层节点数 outnum 代表过电压的类别，所以 outnum 设置为 7；隐含层节点数 midnum 初步设为 15。初始化输入层、隐含层和输出层神经元之间的连接权值 w_{ij}，w_{jk}，初始化隐含层阈值 a，输出层阈值 b，给定学习速率和神经元激励函数。程序如下：

```
网络结构初始化       权值初始化
innum=5;           w1=rands(midnum,innum);
midnum=25;         b1=rands(midnum,1);
outnum=7;          w2=rands(midnum,outnum);
                   b2=rands(outnum,1);
                   w2_1=w2;w2_2=w2_1;
学习率             w1_1=w1;w1_2=w1_1;
xite=0.1;          b1_1=b1;b1_2=b1_1;
alfa=0.01;         b2_1=b2;b2_2=b2_1;
```

（2）步骤 2：隐含层输出计算。根据输入的样本 x，输入层和隐含层间连接权值 w_{ij} 以及隐含层阈值 a，计算隐含层输出 H。

$$H_j = f\left(\sum_{i=1}^{n} w_{ij}x_i - a_j\right) \quad j=1,2,\cdots,midnum \tag{B-1}$$

式中 midnum——隐含层节点数；

f——隐含层激励函数，该函数有多种表达形式，这里选择 $f(x)=\dfrac{1}{1+e^{-x}}$。

（3）步骤 3：输出层输出计算。根据隐含层输出 H，连接权值 w_{ij} 和阈值 b，计算识别系统输出 O。

$$O_k = \sum_{j=1}^{midnum} H_j w_{jk} - b_k \quad k=1,2,\cdots,outnum$$

（4）步骤 4：误差计算。根据识别系统预测输出 O 和期望输出 Y，计算系统预测误差 e。

$$e_k = Y_k - O_k \quad k=1,2,\cdots,outnum$$

（5）步骤 5：权值更新。根据系统预测误差 e 更新系统哦连接权值 w_{ij}，w_{jk}。

$$w_{ij} = w_{ij} + \eta H_j(1-H_j)x(i)\sum_{k=1}^{outnum}w_{jk}e_k \quad i=1,2,\cdots innum; j=1,2,\cdots,outmum$$

$$w_{jk} = w_{jk} + \eta H_j e_k \quad j=1,2,\cdots outmum; k=1,2,\cdots,midnum$$

式中，η 为学习速率。

（6）步骤 6：阈值更新。根据系统预测误差 e 更新系统节点阈值 a，b。

$$a_j = a_j + \eta H_j(1-H_j)\sum_{k=1}^{outnum}w_{jk}e_k \quad j=1,2,\cdots,outmum$$

$$b_k = b_k + e_k \quad k=1,2,\cdots,midnum$$

（7）步骤 7：准确率计算。读入测试数据，测试系统的识别准确率。

B.2 算 法 代 码

（1）训练模块。

```
for ii=1:10
    E(ii)=0;    系统训练误差
    for i=1:1:yangbenliang * 0.8
    本次训练的样本数据
    x=inputn(:,i);
    隐含层输出
    for j=1:1:midnum
        I(j)=inputn(:,i)' * w1(j,:)'+b1(j);
        Iout(j)=1/(1+exp(-I(j)));
    end
    输出层输出
    yn=w2' * Iout'+b2;

    预测误差
    e=output_train(:,i)-yn;
    E(ii)=E(ii)+sum(abs(e));

    计算 w2,b2 调整量
    dw2=e * Iout;
    db2=e';
    计算 w1,b1 调整量
    for j=1:1:midnum
        S=1/(1+exp(-I(j)));
        FI(j)=S * (1-S);
    end
    for k=1:1:innum
        for j=1:1:midnum
        dw1(k,j)=FI(j) * x(k) * (e(1) * w2(j,1)+e(2) * w2(j,2)+e(3) * w2(j,3)+e(4) * w2(j,4));
            db1(j)=FI(j) * (e(1) * w2(j,1)+e(2) * w2(j,2)+e(3) * w2(j,3)+e(4) * w2(j,4));
```

```
            end
        end
      权值阈值更新
      w1＝w1_1＋xite * dw1′;
      b1＝b1_1＋xite * db1′;
      w2＝w2_1＋xite * dw2′;
      b2＝b2_1＋xite * db2′;
      结果保存
      w1_2＝w1_1;w1_1＝w1;
      w2_2＝w2_1;w2_1＝w2;
      b1_2＝b1_1;b1_1＝b1;
      b2_2＝b2_1;b2_1＝b2;
    end
  end
```

（2）测试模块。

```
  读入测试数据对系统进行正确率测试
  inputn_test＝mapminmax('apply',input_test,inputps)
  for i＝1:yangbenliang * 0.2
        for j＝1:1:midnum
            I(j)＝inputn_test(:,i)′ * w1(j,:)′＋b1(j);
            Iout(j)＝1/(1＋exp(−I(j)));
        end
        fore(:,i)＝w2′ * Iout′＋b2;
  end
  找出判断错误的过电压
  for i＝1:yangbenliang * 0.2
    if error(i)∼＝0
        [b,c]＝max(output_test(:,i));
        switch c
            case 1
                k(1)＝k(1)＋1;
            case 2
                k(2)＝k(2)＋1;
            case 3
                k(3)＝k(3)＋1;
            case 4
                k(4)＝k(4)＋1;
            case 5
                k(5)＝k(5)＋1;
            case 6
                k(6)＝k(6)＋1;
            case 7
                k(7)＝k(7)＋1;
```

```
            end
        end
end

找出进行测试的每一类过电压样本量
kk=zeros(1,7);
for i=1:yangbenliang * 0.2
    [b,c]=max(output_test(:,i));
    switch c
        case 1
            kk(1)=kk(1)+1;
        case 2
            kk(2)=kk(2)+1;
        case 3
            kk(3)=kk(3)+1;
        case 4
            kk(4)=kk(4)+1;
        case 5
            kk(5)=kk(5)+1;
        case 6
            kk(6)=kk(6)+1;
        case 7
            kk(7)=kk(7)+1;
    end
end

系统识别正确率
rightridio=(kk-k). /kk
```

参 考 文 献

［1］ 孙才新，司马文霞，赵杰，等．特高压输电系统的过电压问题［J］．电力自动化设备，2005，25
　　　（9）：5－9．

［2］ 刘振亚．特高压电网［M］．北京：中国经济出版社，2005．

［3］ 王梦云，薛辰东．1995—1999 年全国变压器类设备事故统计与分析［J］．电力设备，2001，2
　　　（1）：11－19．

［4］ 陈维贤．电网过电压教程［M］．北京：中国电力出版社，1996．

［5］ 徐兴发，聂一雄，程汉湘，等．基于改进 Agrawal 模型和 FDTD 法的感应雷过电压算法［J］．南
　　　方电网技术，2014，8（1）：27－31．

［6］ Yu，C．；Petcharaks，N．；Panprommin，C．The statistical calculation of energization overvoltages
　　　case of EGAT 500kV lines，Power Engineering Society Winter Meeting［J］．2000，IEEE Volume
　　　4，23－27 Jan．2000 vol．4 Page（s）：2705－2709．

［7］ Ametani A，Kawamura T．A method of a lightning surge analysis recommended in Japan using
　　　EMTP［J］．IEEE Transactions on Power Delivery．2005，20（2）：867－875．

［8］ Soares A，Schroeder MAO，Visacro S．Transient voltages in transmission lines caused by direct
　　　lightning strikes，IEEE Transactions on Power Delivery．2005，20（2）：1447－1452．

［9］ Popov M，van der Sluis L，Paap GC，et al．Computation of very fast transient overvoltages in
　　　transformer windings，IEEE Transactions on Power Delivery．2003，18（4）：1268－1274．

［10］ 王云．暂态电压实时压缩记录技术及仪器的研究［D］．北京：中国电力科学研究院，2006．

［11］ 刘强，张元芳，张小冬．过电压在线监测数据采集的研究［J］．高压电器，2002，38（6）：
　　　43－45．

［12］ 刘有为，李忠晶，鞠登峰，等．电力系统暂态电压波形压缩技术［J］．电网技术，2009，33（7）：
　　　90－93．

［13］ 平丽英．变电站瞬时过电压在线监测系统的研制［D］．北京：华北电力大学，2001．

［14］ 郭良峰，杜林，魏刚，等．在线监测获取的电力系统过电压波形分析［J］．高压电器，2010，46
　　　（6）：126－138．

［15］ 李佑淮，暂态过电压监测与记录系统研究［D］．上海：上海交通大学，2008．

［16］ 兰海涛，司马文霞，姚陈果，等．高压电网过电压在线监测数据采集方法研究［J］．高电压技
　　　术，2007，33（3）：79－82．

［17］ 骆健，丁网林，王汉林，等．一种新型故障录波系统的实现［J］．电网技术，2003，27（3）：
　　　78－82．

［18］ 刘强，张元芳，张小冬．过电压在线监测数据采集的研究［J］．高压电器，2002，38（6）：
　　　43－45．

［19］ 张亚迪，陈柏超，畅广辉，等．一种高速电力系统过电压在线监测系统的开发［J］．继电器，
　　　2007，35（15）：39－41．

［20］ 张纬钹，何金良，高玉明．过电压防护及绝缘配合［M］．北京：清华大学出版社，2002．

［21］ 解广润．电力系统过电压［M］．北京：水利电力出版社，1985．

［22］ 陈慈萱．过电压保护原理与运行技术［M］．北京：中国电力出版社，2002．

［23］ 戴斌．多方法融合的电力系统过电压分层模式识别研究［D］．重庆：重庆大学，2010．

［24］ 李琳，齐秀君. 配电线路感应雷过电压计算［J］. 高电压技术，2011，37（5）：1093－1099.

［25］ 杜林，郭良峰，司马文霞，等. 采用小波多分辨率能量分布电网过电压特征［J］. 高电压技术，2009，35（8）：1927－1932.

［26］ 杜林，戴斌，陆国俊，等. 基于 S 变换局部奇异值分解的过电压特征提取［J］. 电工技术学报，2010，25（12）：147－153.

［27］ 司马文霞，谢博，杨庆，等. 特高压输电线路雷电过电压分类识别方法［J］. 高电压技术：2010，36（2）：306－312.

［28］ 杜林，李欣，司马文霞，等. 110kV 变电站过电压在线监测系统及其波形分析［J］. 高电压技术，2012，38（3）：535－543.

［29］ 郭良峰. 基于遗传算法的电力系统过电压分层模糊聚类识别［D］. 重庆：重庆大学，2009.

［30］ 李欣，何智强，王丽蓉，等. 110kV 变电站过电压智能识别系统应用研究［J］. 电瓷避雷器，2016（2）：50－56.

［31］ DF1024 便携式波形记录仪 产品手册［Z］. 北京：中国电力科学研究院，2000.

［32］ ZH－2 电力故障录波分析装置 产品手册［Z］. 武汉：武汉中元华电科技股份有限公司，2006.

［33］ 刘凡，司马文霞，孙才新，等. 过电压监测中电网频率微变检测方法［J］. 电工技术学报，2007，22（3）：133－137.

［34］ 胡泉伟，黄海波，袁鹏，等. 基于罗氏线圈原理的 500kV 电网过电压监测系统的研究［J］. 高压电器，2011，47（5）：59－64.

［35］ 张仁豫，陈昌渔，王昌长. 高电压试验技术（第 2 版）［M］. 北京：清华大学出版社，2003.

［36］ Jayaram S，Xu X. Y.，Cross J. D.. High divider ratio fast response capacitive dividers for high－voltage pulse measurements［J］. IEEE Transactions on Industry Applications 2000，36（3）：920－922.

［37］ Seljeseth H，Saethre E. A，Ohnstad T，etc. Voltage transformer frequency response：Measuring harmonics in Norwegian 300 kV and 132 kV powersystems［J］. Harmonics And Quality of Power，1998（2）：820－824.